21 世纪高等院校自动化专业系列教材

模式识别

主编　宋丽梅　罗　菁
参编　成　怡　王红一　杨燕罡　等

机械工业出版社

本书讲述了多种模式识别方法及每种方法的基本原理和优缺点，并给出了每种方法在实践中的应用实例。全书共分 7 章，分别讲解了模式识别的基本概念、基本算法和主要应用软件；特性聚类的基本过程及基本算法；贝叶斯分类的基本原理及实际应用步骤；近邻法及人工神经网络的基本原理和算法以及三维识别等案例。每章开始有内容提要，结尾有本章小结和练习题，便于教学和自学。

本书可作为自动化、电气工程及其自动化、电子信息科学与技术等专业的本科生及研究生教材或教学参考书，也可作为工程技术人员的自学读本。

本书配套授课电子课件，需要的教师可登录 www. cmpedu. com 免费注册，审核通过后下载，或联系编辑索取（QQ：2850823885，电话：010-88379739）。

图书在版编目(CIP)数据

模式识别/宋丽梅，罗菁主编．—北京：机械工业出版社，2015. 8
(2024. 1 重印)
21 世纪高等院校自动化专业系列教材
ISBN 978-7-111-50577-8

Ⅰ. ①模…　Ⅱ. ①宋…　②罗…　Ⅲ. ①模式识别-高等学校-教材
Ⅳ. ①O235

中国版本图书馆 CIP 数据核字(2015)第 189308 号

机械工业出版社(北京市百万庄大街 22 号　邮政编码　100037)
策划编辑：尚　晨　　责任编辑：尚　晨
责任校对：张艳霞　　责任印制：郜　敏

北京富资园科技发展有限公司印刷

2024 年 1 月第 1 版 · 第 4 次印刷
184mm×260mm · 11. 5 印张 · 281 千字
标准书号：ISBN 978-7-111-50577-8
定价：39. 80 元

电话服务　　网络服务
客服电话：010-88361066　　机　工　官　网：www. cmpbook. com
010-88379833　　机　工　官　博：weibo. com/cmp1952
010-68326294　　金　书　网：www. golden-book. com
封底无防伪标均为盗版　　机工教育服务网：www. cmpedu. com

前　言

模式识别是人类的一项基本智能，在社会活动和科学研究的许多方面有着巨大的现实意义，已经广泛应用于许多领域，如人脸识别、指纹识别、文字识别、语音识别、车牌识别、字符识别等。模式识别也是一门综合性、交叉性的学科，其与数学、认知科学、计算机科学、心理学、语言学、生物学等众多学科相互融会贯通。随着计算机软硬件技术的快速发展以及其他相关学科的日渐成熟，模式识别在各个领域的应用和需求逐渐得到人们的广泛关注和重视，在学术界也激发了各领域科研人员的研究热情，其相关的论文著作、科研成果层出不穷。

目前，模式识别的教材多以理论介绍为主，读者很难看到理论在实际中是如何应用的，所以很难深入掌握这些理论，导致在项目实践中，往往无从下手，更谈不上创新。

本书从人们日常生活和生产中有重要影响的项目实例入手，综合了作者多年从事模式识别领域的研究成果，介绍了实际应用项目及其实现技术。每个项目实例包括项目意义和要求，并且详细阐述了项目开发技术原理和算法实现的步骤，并且提供了部分 VC ++ 或 MATLAB 编程代码。希望读者能够在此基础上有所创新。这也是编写本书的主要目的以及希望本书能够实现的目标。

全书共 7 章。第 1 章对模式识别的基本概念、基本算法和所使用的软件进行了简要的介绍；第 2 章对特征聚类的基本过程以及每个过程中所涉及的基本算法进行了详细的介绍，并通过实际例程使读者加深对相关算法操作过程的记忆和理解；第 3 章对贝叶斯分类的基本原理进行了详细的介绍，并给出了基于贝叶斯的手写字符识别算法的具体步骤；第 4 章对 Fisher 线性判别的基本算法进行了详细的介绍；第 5 章对近邻法中最近邻法、K 近邻法和剪辑近邻法的基本原理和实际例程进行了详细的介绍；第 6 章对人工神经网络的基本算法进行了详细的介绍，并给出了基于 BP 神经网络的变压器故障诊断案例；第 7 章介绍了三维识别等案例的开发技术。

本书由天津工业大学的宋丽梅教授主编，天津工业大学罗菁、成怡、王红一、常玉兰、李宗艳、王朋强以及天津职业技术师范大学杨燕罡等参与了编写工作，其中第 1 章由罗菁编写，第 2、5 章由常玉兰和宋丽梅编写，第 3 章由李宗艳和王红一编写，第 4 章由王朋强和杨燕罡编写，第 6 章由罗菁编写，第 7 章由宋丽梅、罗菁、成怡、王红一和杨燕罡等编写。

本书在天津工业大学教材建设基金的资助下，得以顺利完成，在此深表感谢。最后本书作者对书中所引论文和参考书籍的作者表示感谢。

由于编者能力和水平有限，书中不妥和错误之处在所难免，恳请各位专家和读者不吝指教，在此深表感谢。

编者

目　　录

第1章　绪　　论

1.1　模式识别基本概念

随着20世纪40年代计算机的出现，50年代人工智能的兴起，模式识别在60年代迅速发展并取得了不少成果，成为了一门独立的学科。它的迅速发展和应用前景引起了广泛的关注和重视，推动了人工智能技术及图像处理、信号处理、机器视觉等多种学科的发展，扩展了计算机的应用领域。

模式识别是一种智能活动，在日常生活中，人们经常进行“模式识别”。当听到熟人说话时，虽然他不在我们的对面，但我们能知道是谁在说话，说的什么内容；当看到一群朋友时，我们能认出谁是张三，谁是李四；当闻到熟悉的气味时，我们能辨认出这种气味是香蕉还是烤肉。人们这种通过听觉、视觉、味觉等感官接收各种自然信息，并把这些信息和从过去的经验所导出的概念、线索联系起来做出决策的过程就是模式识别。

本书所说的模式识别，不是人的模式识别，而是机器（计算机和其他硬件）的模式识别，也就是利用计算机实现人对各种事物或现象的分析、判断和识别。目前，模式识别技术主要是模拟人的视觉和听觉，模拟人的视觉就是利用计算机进行图像处理工作，模拟人的听觉就是利用计算机进行语音识别方面的工作。

1.1.1　模式和模式识别

什么是模式呢？当人们看到某种物体或现象时，会收集这种物体或现象的特征，并把这些特征和脑海中已有的相关信息作比较，如果找到一个相同或相似的匹配，就可以把这种物体或现象识别出来。这种物体或现象的相关信息，就构成了该物体或现象的模式。因此，模式是通过信息采集，形成的对一个对象的描述，这种描述应该具备规范化、可理解、可识别的特点。广义地说，存在于时间和空间中可观察的物体，如果可以区别它们是否相同或是否相似，都可以称为模式。而模式所属的类别或同一类中的模式的总体称为模式类（或简称为类）。也有人习惯把模式类称为模式，而把个别具体的模式称为样本，这种用词的不同可以从上下文弄清含义，并不会引起误解。

模式识别就是利用计算机（或人为少量的干预）自动地将待识别的事物分配到各个模式类中的技术。模式识别的研究主要集中在两方面，一是研究物体（包括人）是如何感知对象的，这属于认知科学的范畴，是生理学家、心理学家、生物学家和神经生理学家的研究内容；二是在给定的任务下，如何用计算机实现模式识别的理论和方法，这属于信息科学的范畴，是数学家、信息学家和计算机科学工作者的研究内容。

模式识别可以根据有无标准样本分为监督识别方法和非监督识别方法。监督识别方法是在已知训练样本所属类别的情况下进行的模式识别，通过设计分类器，将待识别样本经过预处理、选择与提取特征值后进入分类器，从而得到分类结果或识别结果。非监督识别方法是在不知道样本所属类别信息的情况下进行的模式识别，这种识别方法往往是通过某种规则进行分类决策。

人们为了掌握事物的客观规律，往往将相同或相似的事物归为一个类别。例如，一个阿拉伯数字“6”有不同的写法和字体，但是它们属于一个类别；一个人每天的穿着打扮也不一样，但他始终都归于“某个人”这个类别。所以，模式识别过程可以看做是从样本空间到类别空间的一个映射过程。

1.1.2 模式识别系统组成

一个完整的模式识别系统主要由数据采集、预处理、特征提取和选择以及分类决策四部分组成，如图1-1所示。

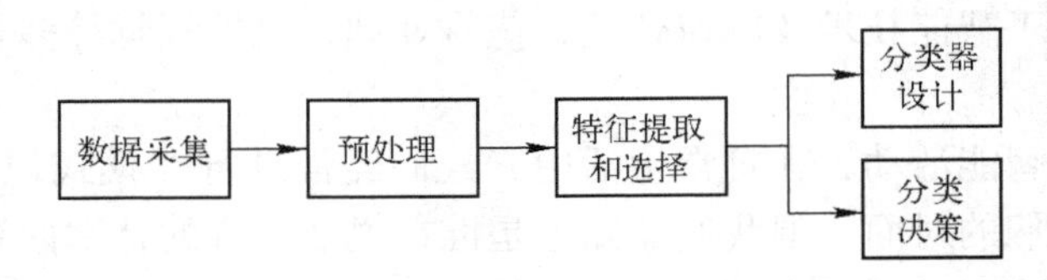

图1-1 模式识别系统的基本构成

在设计模式识别系统时，根据不同的目的，模式识别系统的各部分内容有很大的不同，特别是预处理和模式分类这两部分。为了提高模式识别结果的可靠性，往往加入知识库（规则）对结果进行修正，或加入限制条件提高准确度。下面分别简单介绍模式识别系统各部分的工作原理：

1）数据采集。为了使计算机能够准确进行识别，要利用各种传感器把待识别的事物或现象的基本特征信息转换成计算机可以运行的符号。这一步的关键是传感器的选取。通常，待识别对象的信息有以下4种类型：

① 一维波形，如脑电图、心电图、机械振动波形等。

② 二维图像，如照片、文字、指纹这类对象。

③ 三维图像，如人脸的深度信息。

④ 物理参量和逻辑值，前者是具体的数据，后者是对某参量正常与否的判断或对对象有或无的判断，用0和1来表示。

2）预处理。为了提取对识别有效的信息，去除噪声，必须对采集的数据进行处理，包括数字滤波、图像增强、区域分割、边界检测和目标提取等，以减少外界干扰。举例来说，在人脸识别过程中，由于光照明暗不同，设备性能不同，采集的图像往往存在有噪声，对比度不够等。此时需要对图像进行预处理，包括人脸扶正、图像增强、归一化等工作。人脸扶正是为了得到位置端正的人脸图像；图像增强是为了得到清晰的图像，利于计算机处理；归一化是为了得到灰度值范围相同的标准化人脸图像。

3）特征提取和选择。通常情况下，获取的数据量是非常大的，而分类识别要求数据量尽可能少，以降低后续处理的难度，因此需要进行特征提取和选择，从而实现有效分类和描述。特征提取是从模式的某种描述状态提取出所需要的，用另一种形式表示的特征（如在图像中抽取出轮廓信息、声音信号中提取不同频率的信息等）。特征选择是对模式采用多维特征向量描述，各个特征向量对分类起的作用不一样，在原特征空间中选取对分类有效的特征组成新的降维特征空间，以降低计算的复杂度，同时改进分类效果。特征提取和选择是模式识别中的一个关键问题，因为实际问题中往往不易找到待识别模式最表现本质的特征或受条件限制不能对某种特征进行测量，所以特征提取和选择仍是一个复杂的难题。虽然人们对特征提取和选择做了很多研究，但这仍然是一个相对不成熟的领域。

4）分类决策或模型匹配。在特征空间中用模式识别方法（由分类器设计确定的分类规则）对待识别模式进行分类判别，最后输出的可能是对象所属的类别，也可能是对象与模型库中最相似的模式。其具体做法是根据确定的分类规则，使按这种规则对待识别对象进行分类所造成的错误识别率最小或引起的损失最小。

1.2 特征描述

至今为止特征没有万能的和精确的定义。特征的精确定义往往由问题或者应用类型决定。特征是一个数字图像中的“有趣”部分，是许多计算机图像分析算法的起点。因此一个算法是否成功往往由它使用和定义的特征决定。一般来说，特征是指从模式中得到的对分类有用的度量、属性或单元，它是描述模式的最佳方式，而且我们通常认为特征的各个维度能够从不同的角度描述模式，在理想情况下，维度之间是互补完备的。

特征的种类有物理的、结构的和数学的特征。人的感觉器官容易感受数学的特征，如均值、相关系数、协方差矩阵的特征值和特征向量等。物理和结构的特征与所处理的具体问题有关，在解决实际问题时可以依据具体问题而定。对于许多模式问题中的特征，我们可以用信号和图像处理技术获得。

常用的图像特征主要有颜色特征、纹理特征、形状特征、空间关系特征等。

颜色特征是一种全局特征，描述了图像或图像区域所对应的景物的表面性质。一般颜色特征是基于像素点的特征，此时所有属于图像或图像区域的像素都有各自的贡献。由于颜色对图像或图像区域的方向、大小等变化不敏感，所以颜色特征不能很好地捕捉图像中对象的局部特征。

纹理特征也是一种全局特征，它也描述了图像或图像区域所对应景物的表面性质。但由于纹理只是一种物体表面的特性，并不能完全反映出物体的本质属性，所以仅仅利用纹理特征是无法获得高层次图像内容的。与颜色特征不同，纹理特征不是基于像素点的特征，它需要在包含多个像素点的区域中进行统计计算。作为一种统计特征，纹理特征常具有旋转不变性，并且对噪声有较强的抵抗能力。但是，纹理特征也有其缺点，一个很明显的缺点是当图像的分辨率变化时，计算出来的纹理可能会有较大偏差。另外，由于有可能受到光照、反射情况的影响，从 2 - D 图像中反映出来的纹理不一定是 3 - D 物体表面真实的纹理。例如，水中的倒影、光滑的金属面互相反射造成的影响等都会导致纹理的变化。由于这些不是物体本身的特性，因而将纹理信息应用于检索时，有时这些虚假的纹理会对检索造成“误导”。

形状特征有两类表示方法，一类是轮廓特征，另一类是区域特征。图像的轮廓特征主要针对物体的外边界，而图像的区域特征则关系到整个形状区域。

所谓空间关系，是指图像中分割出来的多个目标之间的相互空间位置或相对方向关系，这些关系也可分为连接/邻接关系、交叠/重叠关系和包含/包容关系等。通常空间位置信息可以分为两类：相对空间位置信息和绝对空间位置信息。前一种关系强调的是目标之间的相对情况，如上下左右关系等，后一种关系强调的是目标之间的距离大小以及方位。空间关系特征的使用可加强对图像内容的描述区分能力，但空间关系特征常对图像或目标的旋转、反转、尺度变化等比较敏感。另外，实际应用中仅仅利用空间信息往往是不够的，不能有效准确地表达场景信息。

1.3 模式识别方法

模式识别的方法具有多样性，如何将它们进行分类并没有明确的定义。模式识别的任务是把模式正确地从特征空间映射到类空间，或者说在特征空间中实现类的划分。模式识别的难度和模式与特征空间中的分布密切相关，如果特征空间中的任意两个类可以用一个超平面来区分，那么模式是线性可分的，这时的识别较为容易。模式识别系统的目标是要在表示空间和解释空间中找到一种映射关系，这种映射关系就是一个分类，或者说是一种假设。

这种假设可以通过两种明确的方法得到，即监督学习或者非监督学习。假设是用一些学习方法得到的，包括统计的、近似的或者自然结构等。而模式识别的主要方法有统计法、聚类法、神经网络法、人工智能法等。

1.3.1 统计法

统计方法，是发展较早也比较成熟的一种方法，也是模式识别的长期过程中建立起来的一种比较经典的方法。它主要基于概率模型得到各类别的特征向量的分布，从而实现分类的功能。获得特征向量的分布是基于一个类别已知的训练样本集，因此统计法是一种监督学习的模式识别方法。

统计法是利用已知类别标签的样本集来训练从而得知如何分类。统计分类中有很多具体方法，采用何种方法取决于是否采用一个已知的、参数型的分布模型，如决策树、决策表等。如果几个类别的样本在特征空间中的分布符合一个简单的拓扑结构，并且确切地知道各个类的概率函数，此时应用统计法来进行模式识别是可行的。

在用统计法进行分类时，被识别对象首先进行数字化，变换为适于计算机处理的数字信息。一个模式常常要用很大的信息量来表示。许多模式识别系统在数字化环节之后还要进行预处理，用于除去混入的干扰信息并减少某些变形和失真。随后是进行特征抽取，即从数字化后或预处理后的输入模式中抽取一组特征。所谓特征是选定的一种度量，它对于一般的变形和失真保持不变或几乎不变，并且只含尽可能少的冗余信息。特征抽取过程是将输入模式从对象空间映射到特征空间，这时模式可用特征空间中的一个点或一个特征矢量表示。这种映射不仅压缩了信息量，而且易于分类。在决策理论方法中，特征抽取占有重要的地位，但尚无通用的理论指导，只能通过分析具体识别对象决定选取何种特征。特征抽取后可进行分类，即从特征空间再映射到决策空间。为此而引入鉴别函数，由特征矢量计算出相应于各类别的鉴别函数值，通过鉴别函数值的比较实行分类。

1.3.2 聚类法

聚类分析法是理想的多变量统计技术，主要有分层聚类法和迭代聚类法。聚类分析也称为群分析、点群分析，是研究分类的一种多元统计方法。数据聚类的目标是用某种相似性度量的方法将数据组成所需要的各组数据。数据聚类不需要利用已知类的信息，因此它是一种非监督的学习方法。

为了判定一组数据的相似性，或在模式识别中想要从一堆没有用的数据中提取出有用的一部分数据，则需要采用数据聚类的方法。

1.3.3 神经网络法

神经网络是一种以模仿动物神经网络行为特征，进行分布式并行信息处理的算法数学模型，是受人脑组织的生理学知识启发而创立的。它们是由一系列相互联系的相同单元组成，相互之间的联系可以在不同的神经元之间增强或者减弱信号，增强或抑制是通过调整相互间联系的权重系数来实现的。神经网络依靠系统的复杂程度，通过调整内部大量节点之间相互连接的关系，从而达到处理信息的目的。

人工神经网络是由大量简单的基本单元神经元相互连接而成的非线性动态系统，每个神经元结构和功能比较简单，而由其组成的系统却可以非常复杂，具有人脑的某些特性，在自学习、自组织、联想及容错方面具有较强的能力，能用于联想、识别和决策。在模式识别方面，与前述方法显著不同的特点之一是训练后的神经网络对待识别模式特征提取与分类识别可以在该网络一同完成。神经网络模型有几十种，其中 BP（误差反传播算法）网络模型是模式识别应用最广泛的网络之一。它利用给定的样本，在学习过程中不断修正内部连接权重和阈值，使实际输出与期望输出在一定误差范围内相等。

神经网络可以实现监督和非监督学习条件下的分类和回归工作，这是通过适当调节权重系数来实现的，人们希望通过权重系数调节机制使神经网络的输出收敛于争取的目标值。

与统计法的方法相反，神经网络是一个与模型无关的机器，表现出一种非监督条件下的分类器的性能，具有能够通过调整使得输出在特征空间中逼近任意目标的优点。神经网络具有自适应能力，它不但能自适应地学习，有些网络还能自适应地调整网络的结构。神经网络分类器还兼有模式变换和模式特征提取的作用。但是神经网络分类器一般对输入模式信息的不完备或特征的缺损不太敏感。它在背景噪声统计特性未知的情况下性能更好，而且网络具有更好的推广能力。基于以上种种优点，神经网络模式识别已发展成为模式识别领域的一种重要方法，起到了传统模式识别方法不可替代的作用。

1.3.4 人工智能法

人工智能是研究、开发用于模拟、延伸和扩展人的智能的理论、方法、技术及应用系统的一门新的技术科学。人工智能利用现代数学、信息理论、逻辑学、语言学、计算机技术，使得以计算机为中心的机器系统具有类似人类的智力功能和行为。人工智能研究的目标就是使计算机及其系统实现人类智能。人工智能领域的研究包括机器人、语言识别、图像识别、自然语言处理和专家系统等。

模式识别是人工智能的一个重要的研究应用领域，主要是使计算机具有与人一样的视觉、听觉、触觉等感知能力。在模式识别问题中，最适宜用人工智能方法解决的问题的特点是：求解过程中主要用到推理的问题；问题太复杂，无法建立准确的模型；信息不准确、不确切或者不完备等。人工智能方面的模式识别问题主要应用有专家系统、智能推理技术、不确定性推理等。

1.4 模式识别工程设计

1.4.1 工程任务

一般来说，模式识别工程主要有三大任务，它们分别是模式采集、特征提取和特征选择、类型判别，这三大任务贯穿模式识别过程的始终，它们分别按次序在模式识别系统中得到体现和完成，图 1-2 直观地体现了三大任务的具体流程，下面简单介绍一下这三大任务。

首先，第一个任务是模式采集，它是对存在于时间和空间中的具有可观察性和可区分性的物体进行信息采集，是从客观世界（对象空间）到模式空间转换的过程。此过程通常需要对采集的信息进行预处理，从而降低运算量，获得更有效的信息，为下一步的特征提取做好准备。

模式识别的第二个任务为特征提取和特征选择。由于识别对象的描述模式性质的特征有很多，为了能进一步降低空间维数，需要对得到的一组特征中选出最有效的特征作为它的一个有效子集，即特征选择；特征提取是指利用模式测量空间的转变或者（或映射）特征空间的维数从高维变成低维。特征选择和特征提取的目的都是为了降低维数，简化复杂度，在降低分类器复杂度的同时也提高了分类的泛化性能。图 1-3 表明由原来的二维空间转化（映射）为一维空间，削减了维数，降低了运算复杂度，从而进一步简化了识别系统。

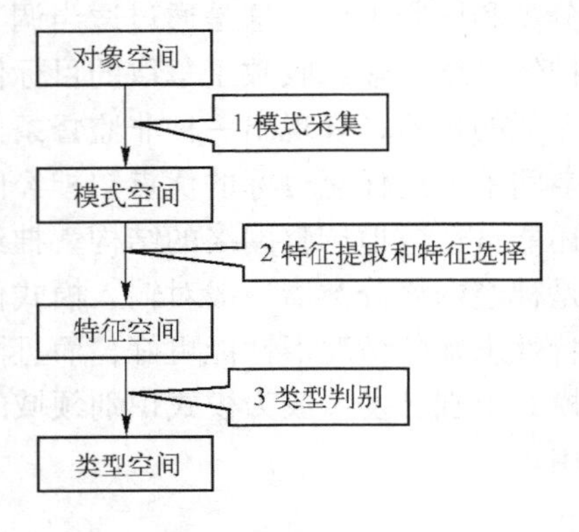

图 1-2 模式识别的主要任务流程图

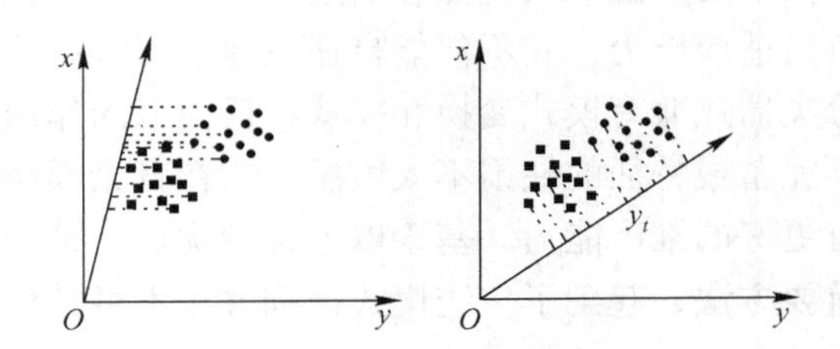

图 1-3 二维空间向一维空间的转换

例如，在互联网中搜索相关的文章有成千上万，如果直接对这些相关的原始数据进行分类，可能会因为数据信息太大导致计算太复杂，并且分类的效果也不是很好，但是如果通过变换或者映射的方法，将原始数据的空间变换到特征空间，得到最能反映模式本质的一组特征，同时降低空间维数，那么相应的分类计算将大大简化，同时也能使分类效果更显著。

对于第三个任务类型判别，它是模式识别的核心，是对提取的识别对象进行分类，以完成最后的识别分类的过程，如图 1-4 所示。

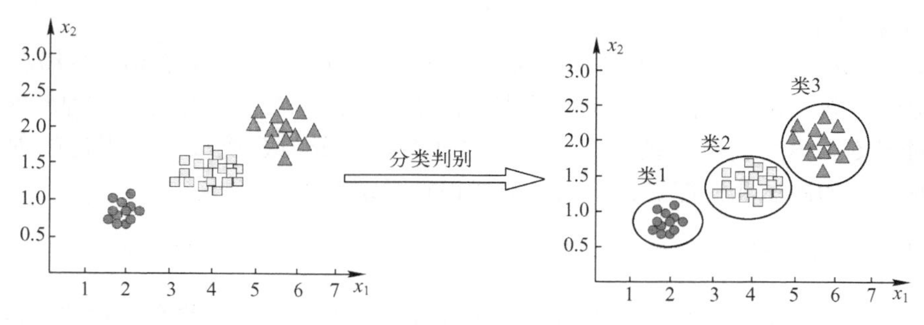

图 1-4　分类识别过程

一般模式识别分类分为两种，分别为判别分析和类聚分析。如果样本的类型是已知的，先用一组已知类型的样本作为训练集，建立相应的判别模型，然后利用所建立的模型根据相似性原则对未知样本进行识别，称为判别分析。判别分析是在事先知道类型特征的情况下，建立判别模型，对样本进行识别，是一种有监督模式识别。如果预先不知道样本的类型，则要在学习过程中根据样本的相似性对被识别的样本进行识别分类和归类，这称为聚类分析。聚类分析是完全依靠样本自然特性进行识别的方法，是一种无监督模式识别。图 1-5 显示了有监督模式识别和无监督模式识别的基本原理。

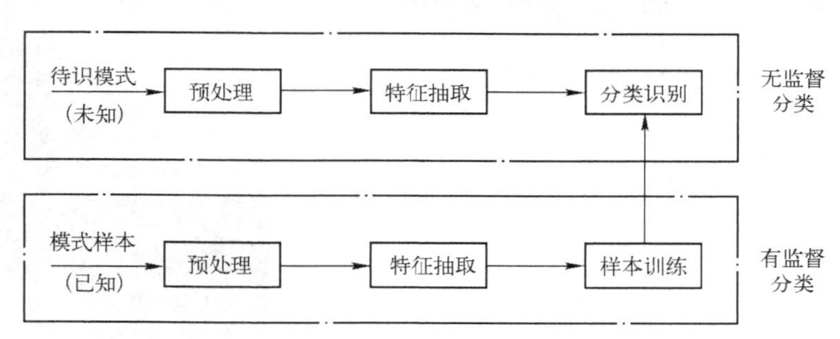

图 1-5　有/无监督模式识别的基本原理

在此任务中，我们需要根据不同的识别对象、不同的设计原理来设计不同的识别分类器，以达到最终的分类判别的目的。

1.4.2　训练集和测试集选择

为了使识别系统具有分类识别能力，需要对此系统进行学习和训练，因此需要对训练集和测试集进行选择。

一般来说，训练集的样本类型是已知（已经标定）的，是用来训练分类器的，通过训练集使分类器具有初步认知此类数据的能力；测试集的样本是未知的（没有标定的），需要用分类器进行识别，在选择训练集的实验中一般选择一些具有相同特征且特征明显的数据样本作为训练集，这类样本能让分类器更快更有效地获得此类样本的特性；训练集是模式识别发展的核心集合。

训练集样本具有以下特点：

1）可靠性。

2）样本数目足够多。

3）样本数 M 与模式空间维数 N 的关系至少要满足 $M/N>3$，最好 $M/N>10$。

为了能够有效测试设计的模式识别系统是否能够达到要求，需要使用一种新的集合，即测试集。对于测试集的选择比较随意，一般选择在设计分类系统没有使用过的独立样本即可。通过测试集的测试我们能够评价出该模式识别系统性能的好坏。

1.4.3 模式识别软件

在了解了模式识别的整个系统之后，下面来认识一下模式识别的实现软件，目前有很多软件可以指导设计模式识别系统，建立一个模式识别系统要用到的相关软件有 MATLAB、OpenCV、VC6.0 等。由于模式识别系统设计的多样性，对建模软件的选择也有很多种。

1. MATLAB

应用最广泛的模式识别软件是 MATLAB，它是 Matrix&Laboratory 两个词的组合，意为矩阵工厂（矩阵实验室），其工作界面和图标如图 1-6 所示。

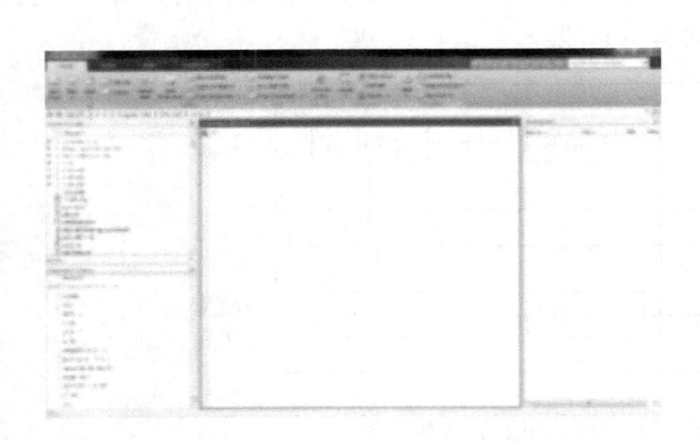

图 1-6　MATLAB 工作界面和图标

MATLAB 是由美国 Mathworks 公司发布的主要面对科学计算、可视化以及交互式程序设计的高科技计算环境。MATLAB 可以分为数学、统计与优化、信号处理与通信、控制系统与设计、图像处理与机器视觉等很多模块，每个模块中都含有多个工具箱，方便用户使用，因此每个模块在其领域都有很广泛的应用。通过 MATLAB 中的模块和封装好的内部函数（神经网络、模糊逻辑等）能有效地实现模式识别系统的仿真。

MATLAB 的使用和一般的建模软件有很多相似之处，首先要创建一个识别工程，然后在 MATLAB 的工作区编写程序代码，代码的编程是建立模式识别系统的重要部分，在编写程序代码时，对于一些内部封存的函数或者模块可以直接调用；然后就是相应的识别分类器的创建，分类器的实现可以通过一些识别算法来实现；完成以上工作后，一个模式识别系统的建立基本上就算完成了，接下来就是对该模式识别系统进行相应的仿真识别检测，通过仿真检测得出相应的结果。

通过以上工作流程我们就能快捷地实现模式识别的系统仿真，得到相应的仿真示意图，如图 1-7 所示。

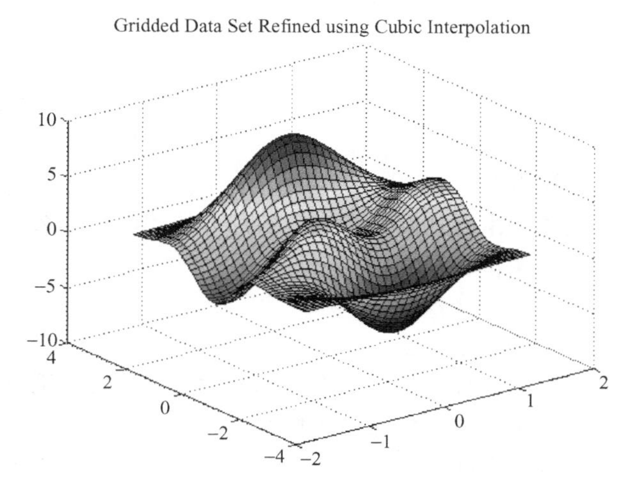

图 1-7　MATLAB 仿真示意图

2. OpenCV

另外学习模式识别用到的软件还有 OpenCV，它也能实现模式识别系统。OpenCV 的全称是 Open Source Computer Vision Library。OpenCV 是一个基于（开源）发行的跨平台计算机视觉库，可以运行在 Linux、Windows 和 Mac OS 操作系统上。它轻量级而且高效——由一系列 C 函数和少量 C ++ 类构成，同时提供了 Python、Ruby、MATLAB 等语言的接口，实现了图像处理和计算机视觉方面的很多通用算法。它在物体识别、图像分割、人脸识别以及运动物体的跟踪方面有着很广泛的应用。

3. 其他模式识别软件

有一些软件，其本身就包含一些模式识别设计工具，其中最著名的是 SPSS 公司开发的 SPSS 和 Statsoft 公司开发的 Statistica，这两种软件都比较容易掌握。SPSS 是世界上最早采用图形菜单驱动界面的统计软件，它最突出的特点就是操作界面极为友好，输出结果美观漂亮。它将几乎所有的功能都以统一、规范的界面展现出来，使用 Windows 的窗口方式展示各种管理和分析数据方法的功能，对话框展示出各种功能选择项。该软件具有操作简单、编程方便、功能强大等特点。大多数操作可通过鼠标拖曳、单击“菜单”、“按钮”和“对话框”来完成，它能通过数据统计方面的模块初步完成模式识别系统的建立。另外 Statistica 是一个整合数据分析、图表绘制、数据库管理与自定义应用发展系统环境的专业软件。Statistica 不仅提供使用者统计、绘图与数据管理等一般目的需求的程序，更提供特定需求所需的数据分析方法，综上所述，这两种软件通过简单的数字处理就能完成模式识别中的分类和回归的工作。

1.5　本章小结

本章首先给出了模式识别基本概念，包括模式、模式识别和模式识别系统组成。简单介绍了描述模式的特征类型，其中重点介绍了图像特征。而后，又介绍了模式识别方法的分类。最后介绍了模式识别的工程任务、训练集和测试集选择原则和几种常用的模式识别软件。

习题

1. 什么是模式和模式识别?
2. 一个模式识别系统主要由哪几部分组成?各部分的功能是什么?
3. 模式识别中常用的图像特征有哪些?
4. 模式识别的主要方法有哪些?
5. 模式识别工程的三大任务是什么?
6. 根据模式识别的过程中，预先是否知道样本的类型，模式识别可分为哪几类?
7. 模式识别过程中训练集和测试集如何选择?
8. 常用的模式识别软件有哪些?

第2章 特征聚类

2.1 聚类的概念

聚类分析又称为群分析，它是研究样品或指标分类问题的一种统计分析方法，同时也是数据挖掘的一种重要算法。聚类分析是由若干模式组成的，通常，模式是一个度量的向量，或者是多维空间中的一个点。聚类分析以相似性为基础，在一个聚类中的模式之间比不在同一聚类中的模式之间具有更多的相似性。

2.1.1 特征聚类的基本思想

特征聚类的思想简单、直观，容易理解，它是基于某种相似性度量的方法将各个待分类的模型进行归类。简单地说，就是将每个模型的各分量分别相似的归为一类，不相似的归为另一类的方法。在模式识别的探索阶段需要从一堆没有分类的数据中提取有用的信息，就要对这堆数据进行特征聚类。特征聚类不需要利用训练样本进行学习和训练，因此，特征聚类是一种非监督学习的方法。

2.1.2 聚类的算法

聚类分析有许多具体的算法，有的比较简单，有的相对简单和完善，从算法的基本政策上看，可以分为如下三种：

1）根据相似性阈值和最小距离原则的简单聚类方法。针对实际问题确定具体的相似性阈值，比较模式到各聚类中心的距离和相似性阈值的关系，当所有模式到各聚类中心的距离都大于相似性阈值时，就将该模式作为另一类的类心，小于阈值时按最小距离原则将其划分到某一类中。在这种算法运行中，当模式的类别及类的中心确定以后就不会再发生变化。

2）按最小距离原则不断进行两类合并的方法。首先假设各模式自成一类，然后将距离最小的两类合并成一类，不断重复这个过程，直到成为两类为止。在这种算法运行中，聚类的中心不断地修正，但模式的类别一旦指定后就不再改变，也就是说模式一旦划分为一类后就不再被划分开。

3）依据准则函数动态聚类法。设定一些分类的控制参数，定义一个能表征聚类过程或结果优劣的准则函数，聚类过程就是使准则函数取极值优化的过程。算法运行中，类心不断修正，各模式类别的指定也不断地更改。这类方法有 K－均值法、近邻函数法。

2.2 数据的降维（PCA）

在对数据进行聚类分析之前，需先对要分析的模型进行特征提取。不管采用哪种特征提取的方法，都会得到多维的特征向量，过高的维数会增加计算的难度，给后续的分类问题带来负面影响。因此，需要对要分析的模型特征进行降维处理。降维又可分为两种方法，即特征选择和特征抽取。特征选择只选择全部特征的一个子集作为特征向量；特征抽取是指通过已有特征的组合建立一个新的特征子集。本节将以特征抽取方法中的主成分分析法（Principal Component Analysis，PCA）为例来介绍降维方法。

2.2.1 PCA 基本概念

主成分分析是采取一种数学降维的方法，找出几个综合变量来代替原来众多的变量，使这些综合变量能尽可能地代表原来变量的信息量，而且彼此之间互不相关。这种把多个变量化为少数几个互相无关的综合变量的统计分析方法称为主成分分析或主分量分析。

2.2.2 PCA 原理

主成分分析（PCA）最早由 Pearson 于 1901 年提出，用于对空间中一些点进行最佳直线和平面拟合，随后直到 1963 年，Karhunan Loeve 对该问题进行了多次归纳与修改。不同领域的研究人员从不同的角度对主成分分析进行了研究，并冠以不同的名称。就其理论而言，在数值分析领域被称为奇异值分解，而物理学领域中的 Hotelling 变换实际指的就是主元映射；就其应用而言，20 世纪 60 年代初被引入化学领域，并称为主因素分析，70 年代以后被引入分析化学中，而在 80 年代后期才被逐渐引入化工过程中。主成分分析主要解决的问题是使 d 维空间中的 n 个样本 $x_1,x_2,\cdots,x_n$，能够很好地在低维空间中表示出来。主成分分析可以实现以下目标：数据简化、数据压缩、建模、奇异值检测、变量选择、分类和预报等功能。

主成分分析法的基本思想是提取出空间原始数据中的主要特征（主元），减少数据冗余，使得数据在一个低维的特征空间被处理，同时保持原始数据的绝大部分的信息，从而解决数据空间维数过高的瓶颈问题。其基本计算原理如下：

当空间的维数是 0 维时，要求以一个 d 维向量 $\boldsymbol{x}_0$（d 维空间中的一个点）来表示这 n 个样本，使得 $\boldsymbol{x}_0$ 到这 n 个样本的距离平方和 $E_0(\boldsymbol{x}_0)$ 最小，其中：

$$E_0(\boldsymbol{x}_0)=\sum_{i=1}^{n}\|\boldsymbol{x}_0-\boldsymbol{x}_i\|^2 \tag{2-1}$$

对于 0 维空间来说，能够在最小均值意义下最好代表原来的 n 个样本的 d 维向量就是这 n 个样本的均值。也就是说，如果只允许以 d 维空间中的一个点作为 d 维空间中原始 n 个样本点的代表，这个点就是这 n 个样本点的均值。样本均值是样本数据集的 0 维表达，也就是用一个点来表达，但是所有样本在零维的空间中都被投影到一个点，那么就无法区别出样本之间的差异，也就无法进行分类。

当空间的维数是 1 维时，通过把全部样本向通过样本均值 $\boldsymbol{m}$ 的一条直线做垂直投影，就可以得到全部样本的一维表达。令 $\boldsymbol{e}$ 表示这条通过均值的直线的单位方向向量，则直线方程可以表示为

$$\boldsymbol{x}=\boldsymbol{m}+a\boldsymbol{e} \tag{2-2}$$

其中 a 为一个实数的标量，表示直线上某个点离开点 m 的距离。如图 2-1 所示，以样本 $\boldsymbol{x}_i$ 在直线 $\boldsymbol{e}$ 的垂线投影 a_i 作为 $\boldsymbol{x}_i$ 的一维表达，记做 $\boldsymbol{x}_i^{(1)}=(a_i)$，上角标“1”表示是在 1

维空间中的坐标。而 $\boldsymbol{x}_i' = \boldsymbol{m} + a_i\boldsymbol{e}$ 可以看做是在一维空间（直线 $\boldsymbol{e}$）中对 $\boldsymbol{x}_i$ 的近似，由垂直关系可知：

$$a_i = |\boldsymbol{x}_i - \boldsymbol{m}| \cos\theta_i \tag{2-3}$$

由于 θ_i 是向量 $\boldsymbol{x}_i - \boldsymbol{m}$ 与向量 $|\boldsymbol{e}|$ 的夹角，且 $|\boldsymbol{e}_i| = 1$，故式（2-3）可表示为

$$a_i = |\boldsymbol{x}_i - \boldsymbol{m}|\,|\boldsymbol{e}| \cos\theta_i = \boldsymbol{e}(\boldsymbol{x}_i - \boldsymbol{m}) = \boldsymbol{e}^{\mathrm{T}}(\boldsymbol{x}_i - \boldsymbol{m}) \tag{2-4}$$

式中，$\boldsymbol{e}^{\mathrm{T}}$ 表示 $\boldsymbol{e}$ 的转置。

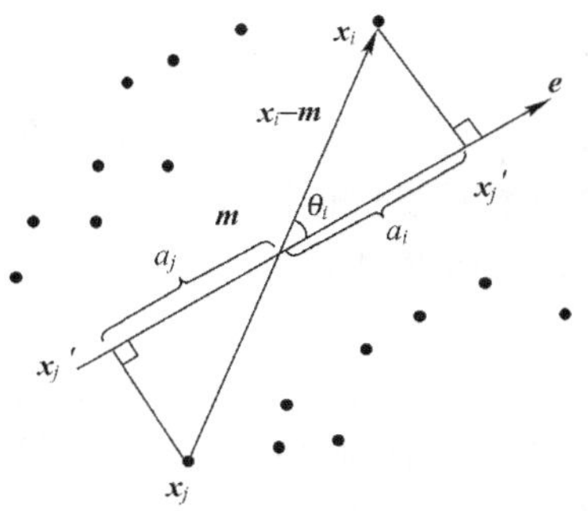

图 2-1　样本的 1 维示意图

那么，在一维空间中主成分分析的问题就转换成寻找直线 $\boldsymbol{e}$ 的最优方向使得平方误差 $E_1(\boldsymbol{e})$ 最小的问题，$E_1(\boldsymbol{e})$ 可表示为

$$\begin{aligned} E_1(\boldsymbol{e}) &= \sum_{i=1}^{n} \|(\boldsymbol{m} + a_i\boldsymbol{e}) - \boldsymbol{x}_i\|^2 = \sum_{i=1}^{n} \|a_i\boldsymbol{e} - (\boldsymbol{x}_i - \boldsymbol{m})\|^2 \\ &= \sum_{i=1}^{n} a_i^2 \|\boldsymbol{e}\|^2 - 2\sum_{i=1}^{n} a_i\boldsymbol{e}^{\mathrm{T}}(\boldsymbol{x}_i - \boldsymbol{m}) + \sum_{i+1}^{n} \|\boldsymbol{x}_i - \boldsymbol{m}\|^2 \end{aligned} \tag{2-5}$$

将式（2-4）代入得到如下公式：

$$\begin{aligned} E_1(\boldsymbol{e}) &= \sum_{i=1}^{n} a_i^2 - 2\sum_{i=1}^{n} a_i^2 + \sum_{i=1}^{n} \|\boldsymbol{x}_i - \boldsymbol{m}\|^2 \\ &= \sum_{i=1}^{n} a_i^2 + \sum_{i=1}^{n} \|\boldsymbol{x}_i - \boldsymbol{m}\|^2 \\ &= -\sum_{i=1}^{n} \left[\boldsymbol{e}^{\mathrm{T}}(\boldsymbol{x}_i - \boldsymbol{m})^2 + \sum_{i=1}^{n} \|\boldsymbol{x}_i - \boldsymbol{m}\|^2\right] \\ &= -\sum_{i=1}^{n} \boldsymbol{x}^{\mathrm{T}}(\boldsymbol{x}_i - \boldsymbol{m})(\boldsymbol{x}_i - \boldsymbol{m})^{\mathrm{T}}\boldsymbol{e} + \sum_{i=1}^{n} \|\boldsymbol{x}_i - \boldsymbol{m}\|^2 \\ &= \boldsymbol{e}^{\mathrm{T}}\left(\sum_{i=1}^{n} (\boldsymbol{x}_i - \boldsymbol{m})(\boldsymbol{x}_i - \boldsymbol{m})^{\mathrm{T}}\right)\boldsymbol{e} + \sum_{i=1}^{n} \|\boldsymbol{x}_i - \boldsymbol{m}\|^2 \\ &= -\boldsymbol{e}^{\mathrm{T}}\boldsymbol{S}\boldsymbol{e} + \sum_{i=1}^{n} \|\boldsymbol{x}_i - \boldsymbol{m}\|^2 \end{aligned} \tag{2-6}$$

在此，将 $d \times d$ 的矩阵 $\boldsymbol{S} = \sum_{i=1}^{n} (\boldsymbol{x}_i - \boldsymbol{m})(\boldsymbol{x}_i - \boldsymbol{m})^{\mathrm{T}}$ 称为散布矩阵。在式（2-6）中，可以看出，要想使 $E_1(\boldsymbol{e})$ 最小，就要使第一项 $\boldsymbol{e}^{\mathrm{T}}\boldsymbol{S}\boldsymbol{e}$ 最大，$\boldsymbol{e}^{\mathrm{T}}\boldsymbol{S}\boldsymbol{e}$ 的最大化是一个带有约束条件的优化问题，可以采用拉格朗日乘法求解，约束条件为 $|\boldsymbol{e}| = 1$。

令 $y = \boldsymbol{e}^{\mathrm{T}}\boldsymbol{S}\boldsymbol{e} - \lambda(\boldsymbol{e}^{\mathrm{T}}\boldsymbol{e} - 1)$，其中 λ 为拉格朗日乘数，通过对 $\boldsymbol{e}$ 求偏导并令偏导为 0，得出如下公式：

$$\frac{\partial y}{\partial \boldsymbol{e}} = 2\boldsymbol{S}\boldsymbol{e} - 2\lambda\boldsymbol{e} = 0 \Rightarrow \boldsymbol{S}\boldsymbol{e} = \lambda\boldsymbol{e} \tag{2-7}$$

式（2-7）中的推导用到了矩阵运算的结论 $\dfrac{\partial \boldsymbol{e}^{\mathrm{T}}\boldsymbol{S}\boldsymbol{e}}{\partial \boldsymbol{e}} = (\boldsymbol{S} + \boldsymbol{S}^{\mathrm{T}})\boldsymbol{e} = 0$，因散布矩阵 $\boldsymbol{S}$ 为对称阵，故有

$$\frac{\partial \boldsymbol{e}^{\mathrm{T}}\boldsymbol{S}\boldsymbol{e}}{\partial \boldsymbol{e}}=2\boldsymbol{S}\boldsymbol{e} \tag{2-8}$$

式（2–8）中，$\boldsymbol{S}$ 为一个 d 阶方阵；$\boldsymbol{e}$ 是一个 d 维向量；λ 为一个实数。显然，这是线性代数中本征方程的典型形式，λ 是本征值，而 $\boldsymbol{e}$ 是散布矩阵 $\boldsymbol{S}$ 的本征向量。对式（2–7）变形，两边同时乘以 $\boldsymbol{e}^{\mathrm{T}}$，得到

$$\boldsymbol{e}^{\mathrm{T}}\boldsymbol{S}\boldsymbol{e}=\lambda\boldsymbol{e}^{\mathrm{T}}\boldsymbol{e}=\lambda \tag{2-9}$$

至此，可以很自然地得出结论：为了最大化 $\boldsymbol{e}^{\mathrm{T}}\boldsymbol{S}\boldsymbol{e}$，应当选取散布矩阵 $\boldsymbol{S}$ 的最大本征值所对应的本征向量作为投影直线 $\boldsymbol{e}$ 的方向。也就是说，一维空间中，将 n 个样本投影到直线上的变换转换成基的变换。在原来的 d 维空间中，d 个基分别是每个坐标轴方向的单位矢量 $\boldsymbol{\phi}_i(i=1,2,\cdots,n)$，空间中的某个样本 $\boldsymbol{x}_i=(\boldsymbol{x}_{i1},\boldsymbol{x}_{i2},\cdots,\boldsymbol{x}_{id})$ 可由这组基表示为

$$\boldsymbol{x}_i=\sum_{k=1}^{d}x_{ik}\boldsymbol{\phi}_i \tag{2-10}$$

投影到直线 $\boldsymbol{e}$ 之后，在新的一维空间中（一条直线），单位矢量 $\boldsymbol{e}$ 成为唯一的一个基，那么在这个一维空间中某个样本 $\boldsymbol{x}_i'$，由基向量可以表示为

$$\boldsymbol{x}_i'=\boldsymbol{m}+a_i\boldsymbol{e} \tag{2-11}$$

此时 $\boldsymbol{x}_i'$ 就是原始样本 $\boldsymbol{x}_i$ 经过投影变换降维后的一维描述。

现在将以上的结论推广到 $d'(d'\leqslant d)$ 维空间中，则有如下公式：

$$\boldsymbol{x}_i=\boldsymbol{m}+\sum_{k=1}^{d'}a_k\boldsymbol{e}_k \tag{2-12}$$

那么，新的平方误差准则函数为

$$E_{d'}(\boldsymbol{e}_1,\boldsymbol{e}_2,\cdots,\boldsymbol{e}_{d'})=\sum_{i=1}^{n}\left\|\left(\boldsymbol{m}+\sum_{k=1}^{d'}a_{ik}\boldsymbol{e}_i\right)-\boldsymbol{e}_i\right\|^2$$

容易证明 $E_{d'}$ 在向量 $\boldsymbol{e}_1,\boldsymbol{e}_2,\cdots,\boldsymbol{e}_{d'}$ 分别为散布矩阵 $\boldsymbol{S}$ 的前 d' 个（从大到小）本征值所对应的本征向量时取得最小值。因为散布矩阵 $\boldsymbol{S}$ 为实对称矩阵，所以这些本征向量都是彼此正交的。这些本征向量 $\boldsymbol{e}_1$，$\boldsymbol{e}_2$，…，$\boldsymbol{e}_{d'}$ 就构成了在低维空间中（d' 维）中的一组基向量，任何一个属于此 d' 维空间的向量 $\boldsymbol{x}_i'$ 均可由这组基表示。

从几何的角度解释 PCA 算法可以表述为以下语句：从多元统计分析的角度来看，样本 $\boldsymbol{x}_1$、$\boldsymbol{x}_2$、…、$\boldsymbol{x}_n$ 在原 d 维空间中形成了一个 d 维椭球形状的云团，而散布矩阵的本征向量就是这个椭球的主轴，如图 2–2 所示。PCA 算法实际上是寻找云团散布最大的那些主轴方向，通过向这些方向向量所张成的空间的投影达到对特征空间降维的目的。同时，在图 2–2 中不难发现，PCA 投影转换坐标系（从原来的 $\boldsymbol{\phi}_1-\boldsymbol{\phi}_2$ 坐标系转换到 $\boldsymbol{e}_1-\boldsymbol{e}_2$ 坐标系）的过程实际上也是去除数据线性相关性的过程，这一点读者可以通过计算 PCA 变换前后样本的协方差矩阵来进行验证。

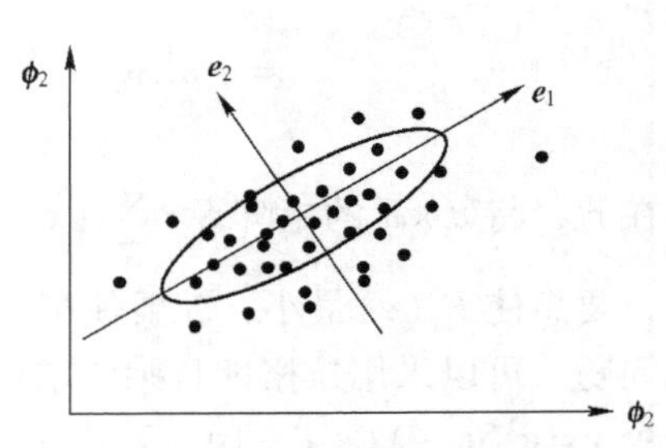

图 2–2　本征向量在 d 维椭球云团中的示意

2.2.3 PCA 的一般步骤

构建一个样本观测数据矩阵。

$$\boldsymbol{X}=\begin{pmatrix} x_{11} & x_{12} & \cdots & x_{1p} \\ x_{21} & x_{22} & \cdots & x_{2p} \\ \vdots & \vdots & & \vdots \\ x_{n1} & x_{n2} & \cdots & x_{np} \end{pmatrix}$$

步骤如下：

1）对原始数据进行标准化处理。

$$x_{ij}^{*}=(x_{ij}-\bar{x}_j)/\sqrt{\operatorname{var}(x_j)},\quad j=1,2,\cdots,p$$

$$\bar{x}_j=\sum_{i=1}^{n}x_{ij}/n$$

$$\operatorname{var}(x_j)=\sum_{i=1}^{n}(x_{ij}-\bar{x}_j)^2/(n-1),\quad j=1,2,\cdots,p$$

2）计算样本相关系数矩阵。

$$\boldsymbol{R}=\begin{pmatrix} r_{11} & r_{12} & \cdots & r_{1p} \\ r_{21} & r_{22} & \cdots & r_{2p} \\ \vdots & \vdots & & \vdots \\ r_{n1} & r_{n2} & \cdots & r_{np} \end{pmatrix}$$

为了表述方便，假定原始数据标准化后仍用 x 表示，则经标准化处理后的数据的相关系数为

$$r_{ij}=\sum_{t=1}^{n}x_{ti}x_{tj}/(n-1),\quad i,j=1,2,\cdots,p$$

3）求出矩阵 $\boldsymbol{R}$ 的特征值($\lambda_1,\lambda_2,\cdots,\lambda_p$)和相应的特征向量。

$$\boldsymbol{a}_i=(a_{i1},a_{i2},\cdots,a_{ip}),\quad i=1,2,\cdots,p$$

4）选择重要的主成分，并写出主成分表达式。

主成分分析可以得到 p 个主成分，但是，由于各个主成分的方差是递减的，包括的信息量也是递减的，所以实际分析时，一般不是选取 p 个主成分，而是根据各个主成分累计贡献率的大小选取前 k 个主成分，贡献率指的是某个主成分的方差占全部方差的比重，即某个特征值占全部特征值合计的比重。定义为

$$贡献率=\lambda_i/\sum_{i=1}^{p}\lambda_i$$

贡献率越大，说明该主成分所包含的原始变量的信息越强。主成分个数 k 的选取，主要根据主成分的累计贡献率来决定，即一般要求累计贡献率达到 85% 以上，这样才能保证综合变量能包括原始变量的绝大多数信息。

5）计算主成分得分。根据标准化的原始数据，按照各个样品，分别代入主成分表达式，就可以得到各主成分下各个样品的新数据，即主成分得分。具体形式如下：

$$\begin{pmatrix} F_{11} & F_{12} & \cdots & F_{1p} \\ F_{21} & F_{22} & \cdots & F_{2p} \\ \vdots & \vdots & & \vdots \\ F_{n1} & F_{n2} & \cdots & F_{np} \end{pmatrix}$$

6）依据主成分得分的数据，则可以进行进一步的统计分析。其中，常见的应用有主成分回归、变量子集合的选择、综合评价等方法。

2.2.4　数据的降维实例

本节介绍一个 PCA 计算的实例，以帮助读者巩固之前的 PCA 理论并掌握 PCA 计算的要点。读者可到相关网站查看例程的完整表述，网址为 http://blog.csdn.net/jinshengtao/article/details/18599165。本文使用 20 张人脸用于训练（见图 2-3），10 张人脸用于测试（见图 2-4）。训练样本和测试样本来自：http://cswww.essex.ac.uk/mv/allfaces/faces94.zip。

图 2-3　PCA 人脸识别样本集

图 2-4　PCA 人脸识别训练集

1. PCA 人脸识别方法

将 PCA 方法用于人脸识别，其实是假设所有的人脸都处于一个低维线性空间，而且不同的人脸在这个空间中具有可分性。其具体做法是由高维图像空间经 PCA 变换后得到一组新的正交基，对这些正交基进行一定的取舍，保留其中的一部分生成低维的人脸空间，也即人脸的特征子空间。PCA 人脸识别算法步骤如下：

1）人脸图像预处理，人脸大小都是高 200，宽 180。

2）读入人脸库，训练形成特征子空间。

3）把训练图像和测试图像投影到上一步骤的特征子空间中。

4）选择一定的距离函数进行判别，在此选用欧氏距离进行判别。

2. PCA 人脸识别流程

识别流程如下：

1）读入人脸库，读入每一个二维的人脸图像并转化为一维的向量，每个人选定一定数量的人脸照片构成训练集，共 20 张，则训练集是一个 36000 ×20 的矩阵。测试集共 10 张图像，每次选一张，则测试集是一个 36000 ×1 的矩阵。

代码如下：

```
void load_data(double *T,IplImage *src,int k)
{
    int i,j;

    for(i=0;i<IMG_HEIGHT;i++)
    {
        for(j=0;j<IMG_WIDTH;j++)
        {
            T[(i*IMG_WIDTH+j)*TRAIN_NUM+k-1]=(double)(unsigned char)src->
imageData[i*IMG_WIDTH+j];
        }
    }
}
```

2）计算 PCA 变换的生成矩阵 $\boldsymbol{Q}$。首先计算训练集的协方差矩阵 $\boldsymbol{X}$，其中 $\boldsymbol{x}_1,\boldsymbol{x}_2,\cdots,\boldsymbol{x}_n$ 为第 i 副图像的描述，即 $\boldsymbol{x}_i$ 为一个 36000 ×1 的列向量。

$$\boldsymbol{X}=(\boldsymbol{x}_1-\bar{\boldsymbol{x}}\quad \boldsymbol{x}_2-\bar{\boldsymbol{x}}\quad \cdots\quad \boldsymbol{x}_n-\bar{\boldsymbol{x}})$$

$$\bar{\boldsymbol{x}}=\frac{1}{n}\sum_{i=1}^{n}\begin{pmatrix}\boldsymbol{x}_1\\ \boldsymbol{x}_2\\ \vdots\\ \boldsymbol{x}_n\end{pmatrix}$$

$$\boldsymbol{Q}=\boldsymbol{X}\boldsymbol{X}^{\mathrm{T}}=(\boldsymbol{x}_1-\bar{\boldsymbol{x}}\quad \boldsymbol{x}_2-\bar{\boldsymbol{x}}\quad \cdots\quad \boldsymbol{x}_n-\bar{\boldsymbol{x}})\begin{pmatrix}(\boldsymbol{x}_1-\bar{\boldsymbol{x}})^{\mathrm{T}}\\ (\boldsymbol{x}_2-\bar{\boldsymbol{x}})^{\mathrm{T}}\\ \vdots\\ (\boldsymbol{x}_n-\bar{\boldsymbol{x}})^{\mathrm{T}}\end{pmatrix}$$

由于这个矩阵（36000 ×36000）太大，求特征值和特征向量比较复杂，所以改为求 $\boldsymbol{P}=\boldsymbol{X}^{\mathrm{T}}\boldsymbol{X}$ 的特征向量和特征值，且有如下性质：设 $\boldsymbol{e}$ 是矩阵 $\boldsymbol{P}$ 的特征值 λ 对应的特征向量，则有

$$\boldsymbol{P}\boldsymbol{e}=\lambda\boldsymbol{e}$$

$$\boldsymbol{X}^{\mathrm{T}}\boldsymbol{X}\boldsymbol{e}=\lambda\boldsymbol{e}$$

$$XX^{\mathrm{T}}Xe = \lambda Xe$$

$$Q(Xe) = \lambda(Xe)$$

这里，Xe 也是矩阵 Q 的特征值 λ 对应的特征向量，可以如此变换，代码如下：

```
void calc_mean(double *T,double *m)
{
    int i,j;
    double temp;

    for(i=0;i<IMG_WIDTH*IMG_HEIGHT;i++)
    {
        temp=0;
        for(j=0;j<TRAIN_NUM;j++)
        {
            temp = temp + T[i*TRAIN_NUM+j];
        }
        m[i] = temp/TRAIN_NUM;
    }
}

void calc_covariance_matrix(double *T,double *L,double *m)
{
    int i,j,k;
    double *T1;
     for(i=0;i<IMG_WIDTH*IMG_HEIGHT;i++)
    {
        for(j=0;j<TRAIN_NUM;j++)
        {
            T[i*TRAIN_NUM+j] = T[i*TRAIN_NUM+j] - m[i];
        }
    }

    T1 =(double *)malloc(sizeof(double)*IMG_HEIGHT*IMG_WIDTH*TRAIN_NUM);
     matrix_reverse(T,T1,IMG_WIDTH*IMG_HEIGHT,TRAIN_NUM);
    matrix_mutil(L,T1,T,TRAIN_NUM,IMG_HEIGHT*IMG_WIDTH,TRAIN_NUM);

    free(T1);
}
```

3）计算生成矩阵 P 的特征值和特征向量，并选择合适的特征值和特征向量，构造特征子空间变化矩阵。这里 P 是实对称矩阵，可以采用上一节的方法，先进行 Household 变换将 P 变成三对角矩阵，然后使用 QR 迭代算法求解特征值和特征向量，迭代次数为 60，误差 $eps=0.000001$，代码如下：

```
void cstrq(double a[],int n,double q[],double b[],double c[])
{
    int i,j,k,u,v;
    double h,f,g,h2;
    for(i=0; i<=n-1; i++)
        for(j=0; j<=n-1; j++)
        {u=i*n+j; q[u]=a[u];}
        for(i=n-1; i>=1; i--)
        {h=0.0;
        if(i>1)
            for(k=0; k<=i-1; k++)
            {u=i*n+k; h=h+q[u]*q[u];}
            if(h+1.0==1.0)
            {c[i]=0.0;
            if(i==1) c[i]=q[i*n+i-1];
            b[i]=0.0;
            }
            else
            {c[i]=sqrt(h);
            u=i*n+i-1;
            if(q[u]>0.0) c[i]= -c[i];
            h=h-q[u]*c[i];
            q[u]=q[u]-c[i];
            f=0.0;
            for(j=0; j<=i-1; j++)
            {q[j*n+i]=q[i*n+j]/h;
            g=0.0;
            for(k=0; k<=j; k++)
                g=g+q[j*n+k]*q[i*n+k];
            if(j+1<=i-1)
                for(k=j+1; k<=i-1; k++)
                    g=g+q[k*n+j]*q[i*n+k];
            c[j]=g/h;
            f=f+g*q[j*n+i];
            }
            h2=f/(h+h);
            for(j=0; j<=i-1; j++)
            {f=q[i*n+j];
            g=c[j]-h2*f;
            c[j]=g;
            for(k=0; k<=j; k++)
            {u=j*n+k;
            q[u]=q[u]-f*c[k]-g*q[i*n+k];
```

```
            }
            }
            b[i] =h;
            }
        }
        for(i=0; i<=n-2; i++) c[i]=c[i+1];
        c[n-1]=0.0;
        b[0]=0.0;
        for(i=0; i<=n-1; i++)
        {if((b[i]!=0.0)&&(i-1>=0))
        for(j=0; j<=i-1; j++)
        {g=0.0;
        for(k=0; k<=i-1; k++)
            g=g+q[i*n+k]*q[k*n+j];
        for(k=0; k<=i-1; k++)
        {u=k*n+j;
        q[u]=q[u]-g*q[k*n+i];
        }
        }
        u=i*n+i;
        b[i]=q[u]; q[u]=1.0;
        if(i-1>=0)
            for(j=0; j<=i-1; j++)
            {q[i*n+j]=0.0; q[j*n+i]=0.0;}
        }
        return;
}

int csstq(int n,double b[],double c[],double q[],double eps,int l)
{
    int i,j,k,m,it,u,v;
    double d,f,h,g,p,r,e,s;
    c[n-1]=0.0; d=0.0; f=0.0;
    for(j=0; j<=n-1; j++)
    {it=0;
    h=eps*(fabs(b[j])+fabs(c[j]));
    if(h>d) d=h;
    m=j;
    while((m<=n-1)&&(fabs(c[m])>d)) m=m+1;
    if(m!=j)
    {do
    {if(it==l)
    {printf("fail\n");
```

```
return( -1);
}
it = it + 1;
g = b[j];
p = (b[j+1] - g)/(2.0 * c[j]);
r = sqrt(p * p + 1.0);
if(p >=0.0) b[j] = c[j]/(p + r);
else b[j] = c[j]/(p - r);
h = g - b[j];
for(i = j + 1; i <= n - 1; i ++)
      b[i] = b[i] - h;
f = f + h; p = b[m]; e = 1.0; s = 0.0;
for(i = m - 1; i >= j; i --)
{g = e * c[i]; h = e * p;
if(fabs(p) >= fabs(c[i]))
{e = c[i]/p; r = sqrt(e * e + 1.0);
c[i + 1] = s * p * r; s = e/r; e = 1.0/r;
}
else
{e = p/c[i]; r = sqrt(e * e + 1.0);
c[i + 1] = s * c[i] * r;
s = 1.0/r; e = e/r;
}
p = e * b[i] - s * g;
b[i + 1] = h + s * (e * g + s * b[i]);
for(k = 0; k <= n - 1; k ++)
{u = k * n + i + 1; v = u - 1;
h = q[u]; q[u] = s * q[v] + e * h;
q[v] = e * q[v] - s * h;
}
}
c[j] = s * p; b[j] = e * p;
}
while(fabs(c[j]) > d);
}
b[j] = b[j] + f;
}
for(i = 0; i <= n - 1; i ++)
{k = i; p = b[i];
if(i + 1 <= n - 1)
{j = i + 1;
while((j <= n - 1)&&(b[j] <= p))
{k = j; p = b[j]; j = j + 1;}
```

```
        }
        if(k!=i)
        {b[k] =b[i]; b[i] =p;
        for(j =0; j <=n -1; j ++ )
        {u =j * n +i; v =j * n +k;
        p =q[u]; q[u] =q[v]; q[v] =p;
        }
        }
        }
        return(1);
    }

    void matrix_reverse(double  * src,double  * dest,int row,int col)
    {
        int i,j;

        for(i =0;i < row;i ++ )
        {
            for(j =0;j < col;j ++ )
            {
                dest[i * col +j]  =  src[j * row +i];
            }
        }
    }

    void matrix_mutil(double  * c,double  * a,double  * b,int x,int y,int z)
    {
        int i,j,k;
        for(i =0;i < x;i ++ )
        {
            for(k =0;k < z;k ++ )
            {
                for(j =0;j < y;j ++ )
                {
                    c[i * z +k]  + =a[i * y +j] * b[j * z +k];
                }
            }
        }
    }
```

选择合适的特征值和特征向量，即选择大于 1 的特征值，可以通过排序选前 k 个，也可以设阈值，代码如下：

```
    void pick_eignevalue(double  * b,double  * q,double  * p_q,int num_q)
```

```
{
    int i,j,k;

    k = 0;
    for(i = 0;i < TRAIN_NUM;i ++ )
    {
        if(b[i] > 1)
        {
            for(j = 0;j < TRAIN_NUM;j ++ )
            {
                p_q[j * num_q + k]  = q[j * TRAIN_NUM + i];

            }
            k ++ ;
        }
    }
}
```

4）把训练图像和测试图像投影到特征空间中。每一幅人脸图像投影到子空间以后，就对应于子空间的一个点。同样，子空间中的任一点也对应于一副图像。这些子空间的点在重构以后的图像很像人脸，所以它们被称为特征脸（Eigenface）。有了这样一个由特征脸组成的降维子空间，任何一副人脸图像都可以向其做投影并获得一组坐标系数，这组系数表明了该图像在子空间中的位置，这样原来的人脸图像识别问题就转化为依据子空间的训练样本点进行分类的问题。将特征脸进行重构，即 $\boldsymbol{X}\times\boldsymbol{e}$，$\boldsymbol{X}$ 大小为 36000×20，$\boldsymbol{e}$ 大小为 $20\times k$，每次只需将 36000 行的一列数据按照图像大小按行存储即可，这样就有 k 张特征脸图像，代码如下：

```
double    * temp;
    IplImage  * projected;
    char res[20] = {0};
    temp  = (double * )malloc(sizeof(double) * IMG_HEIGHT * IMG_WIDTH * num_q);
    projected  = cvCreateImage(cvSize(IMG_WIDTH,IMG_HEIGHT),IPL_DEPTH_8U,1);
      matrix_mutil(temp,T,p_q,IMG_WIDTH * IMG_HEIGHT,TRAIN_NUM,num_q);

    for(i = 0;i < num_q;i ++ )
    {
        sprintf(res,"%d.jpg",i);
        for(j = 0;j < IMG_HEIGHT;j ++ )
        {
            for(k = 0;k < IMG_WIDTH;k ++ )
            {
                projected - > imageData[j * IMG_WIDTH + k]  = (unsigned char)abs(temp[(j *
IMG_WIDTH + k) * num_q + i]);
```

```
            }
        }
        cvSaveImage(res,projected);
}
```

程序运行结果如图 2-5 所示。

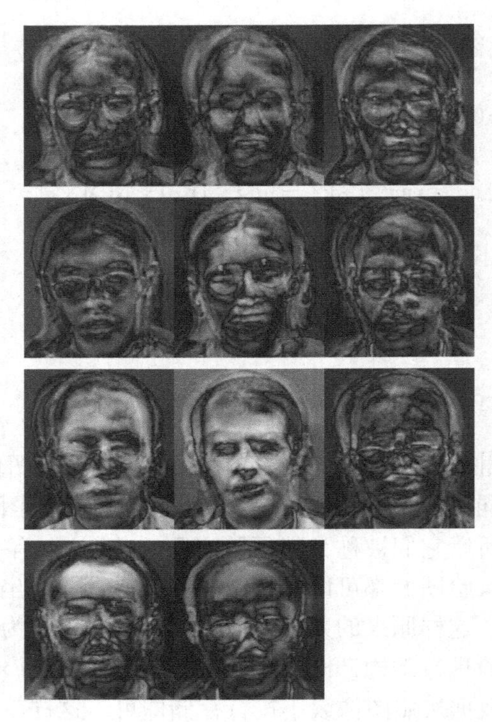

图 2-5　PCA 人脸识别运行结果

在此已经对 ***P*** 使用 QR 算法求得特征向量和特征值，通过 ***Xe*** 得到了 ***Q*** 的特征向量 Eigenvector 大小为 36000 × k，它构成了降维子空间。接下来，分别让样本集和测试集的图像投影到该子空间中，即 Eigenvector ' × ***X*** 等，然后得到一组坐标系数。

计算 ***Q*** 的特征向量和样本集向子空间投影的代码如下：

```
void get_eigenface(double *p_q,double *T,int num_q,double *projected_train,double *eigenvector)
{
    double tmp;
    int i,j,k;
    projected = cvCreateImage(cvSize(IMG_WIDTH,IMG_HEIGHT),IPL_DEPTH_8U,1);
    memset(eigenvector,0,sizeof(double) * IMG_HEIGHT * IMG_WIDTH * num_q);
    memset(projected_train,0,sizeof(double) * TRAIN_NUM * num_q);
    matrix_mutil(eigenvector,T,p_q,IMG_HEIGHT * IMG_WIDTH,TRAIN_NUM,num_q);
    matrix_reverse(eigenvector,eigenvector,IMG_WIDTH * IMG_HEIGHT,num_q);
    matrix_mutil(projected_train,eigenvector,T,num_q,IMG_WIDTH * IMG_HEIGHT,TRAIN_
```

$$d^2(\boldsymbol{x}_i,\boldsymbol{x}_j)=(\boldsymbol{x}_i-\boldsymbol{x}_j)^{\mathrm{T}}\boldsymbol{V}^{-1}(\boldsymbol{x}_i-\boldsymbol{x}_j)$$

式中

$$V=\frac{1}{m-1}\sum_{i=1}^{m}(\boldsymbol{x}_i-\bar{\boldsymbol{x}})(\boldsymbol{x}_i-\bar{\boldsymbol{x}})^{\mathrm{T}}$$

$$\bar{\boldsymbol{x}}=\frac{1}{m}\sum_{i=1}^{m}\boldsymbol{x}_i$$

马氏距离对一切非奇异线性变换都是不变的，也就是说马氏距离具有平移不变性；另外，由于 $\boldsymbol{V}$ 的含义是这个矢量集的样本协方差阵，所以马氏距离对特性的相关性也作了处理。

3. 明氏距离

明氏距离的公式如下：

$$d(\boldsymbol{x},\boldsymbol{y})=\left[\sum_{i=1}^{n}(x_i-y_i)^m\right]^{1/m}$$

由上式可以看出，当 $m=1$ 时，为绝对距离；当 $m=2$ 时，为欧氏距离。

【例 2-1】 已知一个二维正态母体 G 的分布为 $N\left(\begin{bmatrix}0\\0\end{bmatrix},\begin{bmatrix}1 & 0.9\\0.9 & 1\end{bmatrix}\right)$，求点 A：$\begin{bmatrix}1\\1\end{bmatrix}$和 B：$\begin{bmatrix}1\\-1\end{bmatrix}$至均值点 M：$\boldsymbol{\mu}=\begin{bmatrix}0\\0\end{bmatrix}$的距离。

解：由题设可得出如下公式：

$$\boldsymbol{\Sigma}=\begin{bmatrix}1 & 0.9\\0.9 & 1\end{bmatrix}\boldsymbol{\Sigma}^{-1}=\begin{bmatrix}1 & -0.9\\-0.9 & 1\end{bmatrix}/0.19$$

从而马氏距离为

$$d_{\mathrm{M}}^2(\mathrm{A},\mathrm{M})=(1\quad 1)\boldsymbol{\Sigma}^{-1}\begin{bmatrix}1\\1\end{bmatrix}=0.2/0.19 d_{\mathrm{M}}^2(\mathrm{B},\mathrm{M})=(1\quad -1)\boldsymbol{\Sigma}^{-1}\begin{bmatrix}1\\-1\end{bmatrix}=3.8/0.19$$

它们之比达到$\sqrt{19}$倍，若用欧氏距离，算得的距离值相同。

$$d_{\mathrm{E}}^2(\mathrm{A},\mathrm{M})=2 d_{\mathrm{E}}^2(\mathrm{B},\mathrm{M})=2$$

由分布函数知，A、B 两点的概率密度分别为

$$p(1,1)=0.2157,\quad p(1,-1)=0.00001658$$

2.3.2 相似测度

这种相似测度方法是以两矢量的方向是否相近作为度量的基础，矢量长度并不重要，但其中有的度量依然考虑两矢量端点距离，只是再将其转化为具有相似测度的数值属性。

1. 角度相似性函数

相似测度不一定局限于距离，这种相似测度是用向量夹角的余弦来度量的。在模式具有扇形分布时，经常采用这种测度：

$$s(\boldsymbol{x},\boldsymbol{y})=\cos(\boldsymbol{x},\boldsymbol{y})=(\boldsymbol{x}^{\mathrm{T}}\boldsymbol{y})/(\|\boldsymbol{x}\|\cdot\|\boldsymbol{y}\|)$$

其中 $s(\boldsymbol{x},\boldsymbol{y})$是向量 $\boldsymbol{x}$ 和 $\boldsymbol{y}$ 之间夹角的余弦。

这种相似测度函数对于坐标系的旋转和尺度缩放是不变的，但对于一般的线性变换和坐标系的平移不具有不变性。

2. 相关系数

相关系数测度实际上是数据中心化后的矢量夹角余弦，定义为

$$r(\boldsymbol{x},\boldsymbol{y}) = (\boldsymbol{x}-\bar{\boldsymbol{x}})^{\mathrm{T}}(\boldsymbol{y}-\bar{\boldsymbol{y}}) / [(\boldsymbol{x}-\bar{\boldsymbol{x}})^{\mathrm{T}}(\boldsymbol{x}-\bar{\boldsymbol{x}})(\boldsymbol{y}-\bar{\boldsymbol{y}})^{\mathrm{T}}(\boldsymbol{y}-\bar{\boldsymbol{y}})]^{1/2}$$

式中，$\boldsymbol{x}$ 和 $\boldsymbol{y}$ 代表两个数据集的样本；$\bar{\boldsymbol{x}}$和$\bar{\boldsymbol{y}}$分别表示两个数据集的平均矢量。这种相似测度函数对于坐标系的平移、旋转和尺度缩放都是不变的。

2.3.3 匹配测度

匹配测度经常用于医学和生物学中的分类。在进行此类测度之前，需要先将图像特征进行二值特征处理。所谓的二值特征处理就是若对象有此特征，则相应分量定义为1，若对象无此特征，则相应分量定义为0，即特征只有两种状态。对于二值 n 维特征矢量可定义如下相似测度。

1. Tonimoto 测度

Tonimoto 测度也称为 Tonimoto 距离，Tonimoto 测度可用于实向量测量，也可用于离散值测量，定义为

$$s(\boldsymbol{x},\boldsymbol{y}) = (\boldsymbol{x}^{\mathrm{T}}\boldsymbol{y}) / (\|\boldsymbol{x}\|^2 + \|\boldsymbol{y}\|^2 - \boldsymbol{x}^{\mathrm{T}}\boldsymbol{y})$$

在这种相似测度函数中，当向量 $\boldsymbol{x}$ 和 $\boldsymbol{y}$ 越相似，$s(\boldsymbol{x},\boldsymbol{y})$值越大。

2. 简单匹配系数

$$m(\boldsymbol{x},\boldsymbol{y}) = \left(\sum_i x_i y_i + \sum_i (1-x_i)(1-y_i)\right) / n$$

式中，n 为要考察的特征数目。

上面给出了多种相似测度的具体定义式，它们有各自的特点，在实际应用中，应根据具体问题选择合适的测度。

2.4 K－均值聚类

2.4.1 K－均值聚类算法简介

1967 年 MacQueen 首次提出了 K－均值算法，很多聚类任务都选择该聚类算法，它常采用误差平方和函数作为聚类准则函数，即代价函数。K－均值算法，也被称为 K－平均或 K－means 算法，是典型的基于原型的目标函数聚类方法的代表，以数据点到原型的某种距离作为优化的目标函数，利用函数求极值的方法得到迭代运算的调整规则。

算法的重要思想是通过迭代过程把数据划分为不同的类别，使得评价聚类的性能准则函数达到最优，从而使生成的每个聚类内紧凑，类间独立。

2.4.2 算法原理

K－均值聚类算法使用误差平方和准则函数来评价聚类性能。给定数据集 X，假设 X 包含 K 个聚类子集 $x_1, x_2, \cdots, x_K$；将此数据集划分为 K 类，m_i 是第 i 类的聚类中心，数据 x_j 属于第 i 类 C_i。则误差平方和准则函数（代价函数）公式为

$$V=\sum_{i=1}^{K}\left[\sum_{x_j\in C_i}\|x_j-m_i\|^2\right]$$

聚类过程就是寻找最佳聚类中心 m_i（$i=1,2,\cdots,K$）使得代价函数 V 为最小的过程。要计算代价函数 V，可先分别计算每一类中各数据到该类中心的距离平方和，例如 $\sum_{x_j\in C_i}\|x_j-m_i\|^2$ 表示第 i 类各数据到该类中心 m_i 的距离平方和，然后，将 K 类的距离平方和相加，即可得到代价函数 V，V 越小，表明聚类效果越好，类间区分度越大，类内数据相似度越高，所以，当代价函数 V 最小时，K－均值算法收敛，即可实现对数据集的 K 个聚类划分。

2.4.3 K－均值算法的一般步骤

K－均值算法的一般步骤如下：

1）输入待分类的数据集 $X=\{\boldsymbol{x}_1,\boldsymbol{x}_2,\cdots,\boldsymbol{x}_N\}$，选定分类数 K。

2）初始化。从数据集 X 中选取 K 个元素，作为 K 类 $\{C_1,C_2,\cdots,C_K\}$ 的初始聚类中心 $\{\boldsymbol{m}_1(0),\boldsymbol{m}_2(0),\cdots,\boldsymbol{m}_K(0)\}$，其中，$m_i(n)$表示第 i 类 C_i 在第 n 次迭代后新的聚类中心。

3）将数据归类。根据欧氏距离，依次计算每个数据到各类中心的距离，并比较这些距离的大小，按最小距离准则将各数据划分到离它最近的那个聚类中心所在的类。例如，数据 $\boldsymbol{x}_m$到各类中心的欧氏距离为 $d(\boldsymbol{x}_m,\boldsymbol{m}_i)=\|\boldsymbol{x}_m-\boldsymbol{m}_i\|$，$i=1,2,\cdots,K$。对比这 K 个距离，若 $d(\boldsymbol{x}_m,\boldsymbol{m}_h)$最小，表明数据 $\boldsymbol{x}_m$距离 C_h类的中心 $\boldsymbol{m}_h$最近，则将数据 $\boldsymbol{x}_m$划归到聚类 C_h中。

4）修正聚类中心。重新计算 K 个聚类的中心 $\{\boldsymbol{m}_1(j),\boldsymbol{m}_2(j),\cdots,\boldsymbol{m}_K(j)\}$，其中，$\boldsymbol{m}_K(j)=\left(\sum_{x_m\in C_i}\boldsymbol{x}_m\right)/n$ 表示第 j 次划分后聚类 C_i的中心，n_i为当前 C_i中数据的个数，在这一步中，因为要计算 K 类的均值作为聚类中心，所以称为 K－均值算法。

5）判断分类是否结束。若第 $j-1$ 次划分后的聚类中心和第 j 次划分后的聚类中心不同，即 $\boldsymbol{m}_i(j)\neq\boldsymbol{m}_i(j-1)$，则继续执行步骤 3）、4）的聚类调整。直至连续两次迭代后的聚类中心没有变化，即 $\boldsymbol{m}_i(j)=\boldsymbol{m}_i(j-1)$，则算法收敛，聚类结束，此时，代价函数 V 最小，数据集 X 被划分成 K 个聚类。

【例 2-2】 已知有 20 个样本，每个样本有 2 个特征，数据分布见表 2-1，使用 K－均值法实现样本分类（$K=2$）。

表 2-1 数据分布图

样本序号	x_1	x_2	x_3	x_4	x_5	x_6	x_7	x_8	x_9	x_{10}
特征 x_1	0	2	0	1	2	1	2	3	6	7
特征 x_2	0	0	1	1	1	2	2	2	6	6
	x_{11}	x_{12}	x_{13}	x_{14}	x_{15}	x_{16}	x_{17}	x_{18}	x_{19}	x_{20}
	8	6	7	8	9	7	8	9	8	9
	6	7	7	7	7	8	8	8	9	9

解：解题步骤如下：

1）令 $K=2$，选初始聚类中心如图 2-7 所示。

$$Z_1(1)=x_1=(0,0)^{\mathrm{T}},\quad Z_2(1)=x_2=(1,0)^{\mathrm{T}}$$

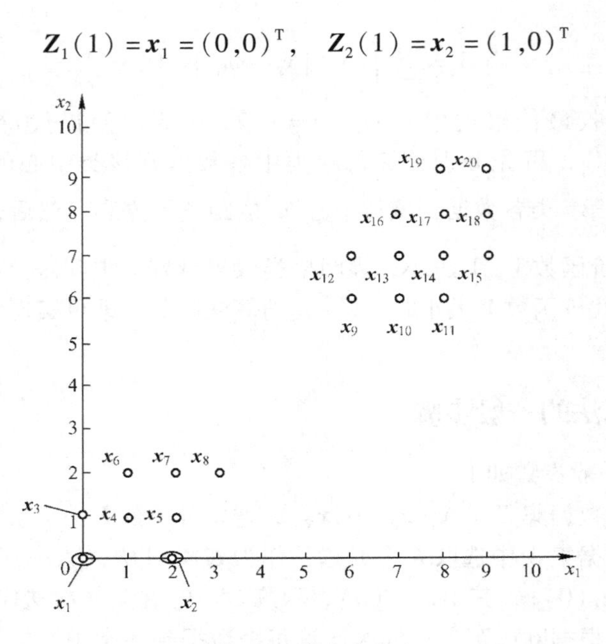

图 2-7　样本分布 1

2）
$$\|x_1-Z_1(1)\|=\left\|\begin{pmatrix}0\\0\end{pmatrix}-\begin{pmatrix}0\\0\end{pmatrix}\right\|=0$$

$$\|x_1-Z_2(1)\|=\left\|\begin{pmatrix}0\\0\end{pmatrix}-\begin{pmatrix}1\\0\end{pmatrix}\right\|=1$$

因为 $\|x_1-Z_1(1)\|<\|x_1-Z_2(1)\|$，所以 $x_1\in Z_1(1)$。

$$\|x_2-Z_1(1)\|=\left\|\begin{pmatrix}2\\0\end{pmatrix}-\begin{pmatrix}0\\0\end{pmatrix}\right\|=2$$

$$\|x_2-Z_2(1)\|=\left\|\begin{pmatrix}2\\0\end{pmatrix}-\begin{pmatrix}1\\0\end{pmatrix}\right\|=1$$

因为 $\|x_2-Z_1(1)\|>\|x_2-Z_2(1)\|$，所以 $x_2\in Z_2(1)$。

同理 $\|x_3-Z_1(1)\|=1>\|x_3-Z_2(1)\|=2$，所以 $x_3\in Z_1(1)$。

$\|x_4-Z_1(1)\|=2>\|x_3-Z_2(1)\|=1$，所以 $x_4\in Z_2(1)$。

同样把所有 x_5、x_6、…、x_{20} 与第二个聚类中心的距离计算出来，判断出 x_5、x_6、…、x_{20} 都属于 $Z_2(1)$。

因此分为两类：

$N_1=2$，$N_2=18$

① $G_1(1)=(x_1,x_3)$；

② $G_2(1)=(x_2,x_4,x_5,\cdots,x_{20})$。

3）根据新分成的两类建立新的聚类中心，如图 2-8 所示。

$$Z_1(2)=\left(\sum_{x_i\in G_1(1)}x_i=\frac{1}{2}(x_1+x_3)\right)/N_1=\frac{1}{2}\left\|\begin{pmatrix}0\\0\end{pmatrix}+\begin{pmatrix}0\\1\end{pmatrix}\right\|$$

$$=\frac{1}{2}\begin{pmatrix}0\\1\end{pmatrix}=(0,0.5)^{\mathrm{T}}$$

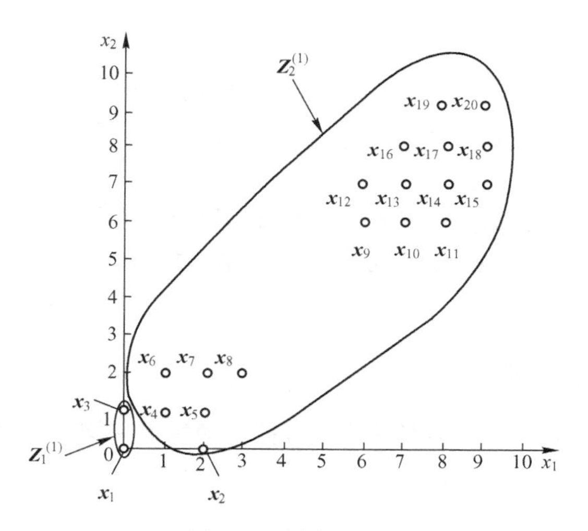

图 2-8　样本分布 2

$$Z_2(2) = \left(\sum_{x_i \in G_2(1)} x_i = \frac{1}{18}(x_2 + x_4 + x_5 + \cdots + x_{20})\right)/N_2 = (5.67, 5.33)^T$$

4）因为$Z_j(2) \neq Z_j(1), j=1,2$（新旧聚类中心不等），转第 2）步，计算如下：

重新计算 $x_1, x_2, \cdots, x_{20}$ 到$Z_1(2)$和$Z_2(2)$的距离，把它们归为最近聚类中心，重新分为两类，即 $G_1(2) = (x_1, x_2, \cdots, x_8), N_1 = 8; G_2(2) = (x_9, x_{10}, \cdots, x_{20}), N_2 = 12$。

更新聚类中心如图 2-9 所示。

$$Z_1(3) = \left(\sum_{x_i \in G_1(2)} x_i\right)/N_1 = (x_1 + x_2 + x_3 + \cdots + x_8)/8 = (1.25, 1.13)^T$$

$$Z_3(3) = \left(\sum_{x_i \in G_1(2)} x_i\right)/N_2 = (x_9 + x_{10} + \cdots + x_{20})/12 = (7.67, 7.33)^T$$

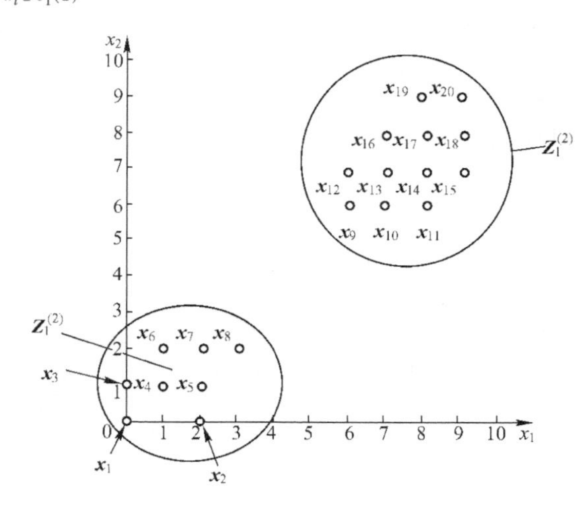

图 2-9　样本分布 3

因$Z_j(3) \neq Z_j(2), j=1,2$，重新计算如下：

重新计算 $x_1, x_2, \cdots, x_{20}$ 到$Z_1(3)$和$Z_2(3)$的距离，分别把 $x_1, x_2, \cdots, x_{20}$ 归于最近的那个聚

类中心，重新分为第二类。

$$G_1(4)=(\boldsymbol{x}_1,\boldsymbol{x}_2,\cdots,\boldsymbol{x}_8),N_1=8$$
$$G_2(4)=(\boldsymbol{x}_9,\boldsymbol{x}_{10},\cdots,\boldsymbol{x}_{20}),N_2=12$$

更新聚类中心：

$$\boldsymbol{Z}_1(4)=\boldsymbol{Z}_1(3)=(1.375,1.13)^{\mathrm{T}}$$
$$\boldsymbol{Z}_1(4)=\boldsymbol{Z}_1(3)=(7.67,7.33)^{\mathrm{T}}$$

计算结束。

2.4.4 K－均值聚类实例

本程序中含20个样本，每个样本有两个特征，使用K－均值法实现样本分类（$K=2$）。具体的C++代码如下：

```
#include "stdafx.h"
#include "math.h"
#define NUM 2
#define NN 20
#define cnum 2
typedef struct {
    double x[NUM];
} PATTERN;
PATTERN p[NN] = {
    {0,0},{1,0},{0,1},{1,1},{2,1},{1,2},{2,2},{3,2},{6,6},{7,6},
    {8,6},{6,7},{7,7},{8,7},{9,7},{7,8},{8,8},{9,8},{8,9},{9,9}
};
PATTERN z[cnum],oldz[cnum];
int nj[cnum];
int cindex[cnum][NN];
double Eucliden(PATTERN x,PATTERN y)
{
    int i;
    double d;
    d=0.0;
    for(i=0;i<NUM;i++) {
        d+=(x.x[i]-y.x[i])*(x.x[i]-y.x[i]);
    }
    d=sqrt(d);
    return d;
}
bool zequal(PATTERN z1[],PATTERN z2[])
{
    int j;
    double d;
```

```
        d = 0.0;
        for(j = 0;j < cnum;j ++ ) {
            d + = Eucliden(z1[j],z2[j]);
        }
        if(d < 0.00001) return true;
        else return false;
}
void C_mean( )
{
        int i,j,l;
        double d,dmin;
        for(j = 0;j < cnum;j ++ ) {
            z[j] = p[j];
        }
        do {
            for(j = 0;j < cnum;j ++ ) {
                nj[j] = 0;
                oldz[j] = z[j];
            }
            for(i = 0;i < NN;i ++ ) {
                for(j = 0;j < cnum;j ++ ) {
                    d = Eucliden(z[j],p[i]);
                    if(j == 0) {dmin = d;l = 0;}
                    else {
                        if(d < dmin) {
                            dmin = d;
                            l = j;
                        }
                    }
                }
                cindex[l][nj[l]] = i;
                nj[l] ++ ;
            }
            for(j = 0;j < cnum;j ++ ) {
                if(nj[j] == 0) continue;
                for(i = 0;i < NUM;i ++ ) {
                    d = 0.0;
                    for(l = 0;l < nj[j];l ++ ) {
                        d + = p[cindex[j][l]].x[i];
                    }
                    d/ = nj[j];
                    z[j].x[i] = d;
                }
```

```
        }
    } while(!zequal(z,oldz));
}
void Out_Result()
{
    int i,j;
    printf("Result: \n");
    for(j=0;j<cnum;j++) {
        printf("nj[%d] = %d\n",j,nj[j]);
        for(i=0;i<nj[j];i++) {
            printf("%d,",cindex[j][i]);
        }
    printf("\n");
    }
}
int main(int argc, char * argv[])
{
        C_mean();
        Out_Result();
        return 0;
}
```

程序运行结果如图 2-10 所示。

图 2-10　K-均值聚类程序运行结果

2.5　本章小结

本章首先给出了聚类的一般概念，并在此概念的基础上分析了聚类算法的思想和基本的聚类准则。其次介绍了降维的概念和基本原理，并通过实际例程介绍了降维的具体操作步骤，以加深读者对降维的了解。而后又绍了几种模式相似测度的概念和基本原理，为后续的聚类分析做铺垫。最后以 K-均值的聚类算法为例对聚类算法进行了简要介绍，主要介绍了 K-均值聚类的概念、基本原理以及算法的一般操作步骤，并通过实际例程以加深读者对 K- 均值聚类的了解。

习题

一、填空

1. 聚类分析的基本思想是（　　）。

2. 聚类分析算法属于（　　）；判别域代数界面方程法属于（　　）。

A. 无监督分类　　B. 有监督分类

C. 统计模式识别方法　　D. 句法模式识别方法

3. 影响聚类算法结果的主要因素有（　　）。

A. 已知类别的样本质量　　B. 分类准则

C. 特征选取　　D. 模式相似性测度

4. 模式识别中，马氏距离较之于欧氏距离的优点是（　　）。

A. 平移不变性　　B. 旋转不变性

C. 尺度不变性　　D. 考虑了模式的分布

5. 欧氏距离具有（　　），马氏距离具有（　　）。

A. 平移不变性　　B. 旋转不变性

C. 尺度缩放不变性　　D. 不受量纲影响的特性

6. 影响基本 K－均值算法的主要因素有（　　）。

A. 样本输入顺序　　B. 模式相似性测度

C. 聚类准则　　D. 初始类心的选取

7. 模式相似性测度分为三类分别为（　　），（　　），（　　）。

8. 若描述模式的特征量为 0－1 二值特征量，则一般采用（　　）进行相似性度量。

A. 距离测度　　B. 模糊测度

C. 相似测度　　D. 匹配测度

9. 下列函数可以作为聚类分析中的准则函数的有（　　）。

A. $J=\mathrm{Tr}[\boldsymbol{S}_{\mathrm{w}}^{-1}\boldsymbol{S}_{\mathrm{B}}]$　　B. $J=\mathrm{Tr}|\boldsymbol{S}_{\mathrm{w}}\boldsymbol{S}_{\mathrm{B}}^{-1}|$

C. $J=\sum_{j=1}^{c}\sum_{i=1}^{n_i}\|\boldsymbol{x}_l^{(j)}-\boldsymbol{m}_j\|^2$　　D. $J=\sum_{j=1}^{c}(\boldsymbol{m}_j-\boldsymbol{m})^{\mathrm{T}}(\boldsymbol{m}_j-\boldsymbol{m})^{\mathrm{T}}$

二、简答及证明题

1.（1）试给出以递推方式更新样本均值的 K－均值算法流程图。

（2）试证明 K－均值算法可使误差平方和准则：

$$J^{(k)}=\sum_{j=1}^{c}\sum_{\boldsymbol{x}_i\in w_j^{(k)}}(\boldsymbol{x}_i-\boldsymbol{Z}_j^{(k)})^{\mathrm{T}}(\boldsymbol{x}_i-\boldsymbol{Z}_j^{\mathrm{k}})$$

最小。其中，k 是迭代次数；$\boldsymbol{z}_0^{(k)}$ 是 $\boldsymbol{w}_j^{(k)}$ 的样本均值。

2.（1）影响聚类结果的主要因素有那些？

（2）证明马氏距离是平移不变的、非奇异线性变换不变的。

3. 证明对于 K－均值算法，聚类准则函数满足使算法收敛的条件。（即若 $J(\Gamma,\widetilde{K})\leqslant$

$J(\Gamma,K)$，则有 $J(\widetilde{\Gamma},\widetilde{K})\leqslant J(\Gamma,\widetilde{K})$）

4. 令 $\Delta(y,K_j)=\left((y-m_i)^{\mathrm{T}}\boldsymbol{\Sigma}_j^{-1}(y-m_i)\right)/2+\log|\boldsymbol{\Sigma}_j|/2$ 是点到聚类的相似性度量，式中，m_i 和 $\boldsymbol{\Sigma}_j$ 是聚类 Γ_j 的均值和协方差矩阵，若把一点从 Γ_i 转移到 Γ_j 中去，计算由公式 $J_K=\sum\limits_{i=1}^{c}\sum\limits_{y\in\Gamma_j}\Delta(y,K_J)$ 所得 J_K 的变化值。

5. 下面哪个矩阵可以用在二维空间线性变换中，并保持马氏距离的特性？请解释原因。

$$A=\begin{pmatrix}2 & 1\\ -1 & 1\end{pmatrix},\quad B=\begin{pmatrix}2 & 1\\ 1 & 1\end{pmatrix},\quad C=\begin{pmatrix}1 & 0.5\\ 0.5 & -1\end{pmatrix}$$

第3章　贝叶斯分类

模式识别的方法是通过识别对象特征的观察值将其划分到某个类别中。统计决策理论是处理模式分类问题的基本理论之一，对模式的分析和分类器的设计有实际的指导意义。贝叶斯分类方法是统计模式识别的一种基本的方法。这种方法的基本思路是，假设决策问题可以用概率的形式进行描述，且所有有关概率的结构均已知的前提下，决策者根据已经获得的资料数据以及主观知识（包括判断、直觉、经验等），对未来事件发生的概率做出主观的估计（即先验概率），然后根据期望值结果做出决策。由于先验状态分布与实际情况存在一定的误差，所以它很难准确地反映客观真实的情况。因此必须通过一些其他方法来补充信息以修正对事件的先验概率估计（即后验概率），最后用后验状态分布来进行决策。贝叶斯决策理论提供了一种修正先验概率的科学方法。

用贝叶斯决策理论方法进行分类的要求如下：

1）各类别总体的概率分布式已知的。即每一类样本出现的先验概率 $P(w_i)$ 以及各类概率密度函数 $P(x \mid w_i)$ 是已知的。

2）要决策分类的类别数是一定的。例如两类样本（正常状态为 w_1 和异常状态为 w_2），或 L 类样本 w_1，w_2，…，w_L。

对于两类故障诊断问题，相当于在识别前已知正常状态 w_1 的概率 $P(w_1)$ 和异常状态 w_2 的概率 $P(w_2)$，它们是由先验知识确定的先验概率，如果不做进一步的观察，仅仅依靠先验概率做出决策，那么就会做出这样的决策规则：若 $P(w_1) > P(w_2)$，则做出状态属于 w_1 类的决策；反之，则做出状态属于 w_2 类的决策。例如，某设备在365天运行中，发生故障是少见的，无故障是经常的，有故障的概率远小于无故障的概率。因此，若无特别明显的异常情况，就应判断为无故障。由于只利用先验概率提供的分类信息很少，所以这样的判断对于某一个实际的待检状态根本达不到诊断的目的。为此，还要对系统状态进行状态检测，分析所观测到的信息，并根据观测信息，结合先验概率对状态进行归类。

目前贝叶斯理论已广泛应用于各种领域，如医疗诊断、管理科学、工程技术等。

3.1　基本最小错误率的贝叶斯准则

在模式分类中，人们往往希望尽量减少分类错误的概率。从这样的要求出发，利用概率中的贝叶斯公式，能得到使错误率最小的分类规则，这称为基于最小错误率的贝叶斯准则。

下面先举一个两类分类的问题——癌细胞的识别来说明解决问题的过程。假设对每个要识别的细胞进行预处理，抽取出 d 个表示细胞基本特性的特征，组成一个 d 维空间的向量 $\boldsymbol{x}$，识别的目的是要将 $\boldsymbol{x}$ 分类为正常细胞或异常细胞。如果用 w 表示状态，则 $w = w_1$，表示正常细胞；$w = w_2$，表示异常细胞。

类别的状态是一个随机变量，而某种状态出现的概率是可以估计的。例如，根据医院细胞病理检查的大量统计资料可以对某一地区的正常细胞和异常细胞出现的比例进行估计，即已知正常状态的先验概率 $P(w_1)$ 和异常状态的先验概率 $P(w_1)$。在两类识别问题中显然存在 $P(w_1)+P(w_2)=1$。如果不作细胞特征的仔细观察，而只依靠先验概率 $P(w_1)$ 和 $P(w_2)$ 来决策，决策的规则就是：若 $P(w_1)>P(w_2)$，则做出 $w=w_1$ 的决策；反之，则做出 $w=w_2$ 的决策。但是在这个例子中由于 $P(w_1)>P(w_2)$，如果仅按先验概率来决策，就会把所有细胞都归于正常细胞的类别，根本不能达到将正常细胞与异常细胞区别开的目的。这是由于先验概率提供的分类信息太少，因此必须利用对细胞作病理分析所观测到的信息，即由特征提取而得到的 d 维观测向量。假定只用一个特征（细胞核总光密度的观察值）来进行分类，即 $d=1$，则可以得到类条件概率密度 $P(x \mid w_1)$ 和 $P(x \mid w_2)$。

我们已经知道先验概率 $P(w_1)$、$P(w_2)$ 和类条件概率密度 $P(x \mid w_1)$、$P(x \mid w_2)$，由贝叶斯公式：

$$P(w_i \mid x)=P(x \mid w_i)P(w_i)\Big/\sum_{i=1}^{2}P(x \mid w_i)P(w_i) \tag{3-1}$$

计算得到的条件概率 $P(w_1 \mid x)$ 和 $P(w_2 \mid x)$，称为后验概率。因此贝叶斯公式的实质是通过观察 x 把状态的先验概率 $P(w_i)$ 转化为后验概率 $P(w_i \mid x)$。则基于最小错误率的贝叶斯决策规则为：若 $P(w_1 \mid x)>P(w_2 \mid x)$，则把 x 归类为正常细胞的类别 w_1；反之，则把 x 归类为正常细胞的类别 w_2。

下面证明这个决策法则确实使分类错误的概率最小。

我们所说的错误率是指平均错误率，用特征 x 与出错 e 的联合概率表示如下：

$$P(e)=\int_{-\infty}^{+\infty}P(e \mid x)P(x)\,\mathrm{d}x \tag{3-2}$$

对于两类分类的问题，其判决规则为：若 $P(w_1 \mid x)>P(w_2 \mid x)$，则把 x 归类为正常细胞的类别 w_1；反之，则把 x 归类为正常细胞的类别 w_2。已知特征 x 的贝叶斯决策判决后的条件错误概率为

$$P(e \mid x)=\begin{cases}P(w_1 \mid x), & P(w_2 \mid x)>P(w_1 \mid x)\\ P(w_2 \mid x), & P(w_1 \mid x)>P(w_2 \mid x)\end{cases} \tag{3-3}$$

一维时，x 轴上的正确与错误错判的临界点为 x_0，则错误概率为

$$P(e)=\int_{-\infty}^{x_0}P(w_2 \mid x)P(x)\,\mathrm{d}x+\int_{-\infty}^{x_0}P(w_2 \mid x)P(x)\,\mathrm{d}x \tag{3-4}$$

由贝叶斯公式 $P(w_i \mid x)=P(x \mid w_i)P(w_i)\Big/\sum_{i=1}^{2}P(x \mid w_i)P(w_i)$，错误概率可写为

$$P(e)=\int_{-\infty}^{x_0}P(x \mid w_2)P(w_2)\,\mathrm{d}x+\int_{x_0}^{-\infty}P(x \mid w_1)P(w_1)\,\mathrm{d}x \tag{3-5}$$

使用联合概率密度可表示为

$$\begin{aligned}P(e)&=P(x \in R_1,w_2)+P(x \in R_2,w_1)\\&=P(x \in R_1 \mid w_2)P(w_2)+P(x \in R_2 \mid w_1)P(w_1)\\&=P(w_2)\int_{R_1}P(x \mid w_2)\,\mathrm{d}x+P(w_1)\int_{R_2}P(x \mid w_1)\,\mathrm{d}x\\&=P(w_2)P_2(e)+P(w_1)P_1(e)\end{aligned} \tag{3-6}$$

其几何说明如图 3-1 所示。图 3-1 中的阴影部分为平均错误概率 $P(e)$。由于贝叶斯决策式为 $P(w_i \mid x) = \max\limits_{i=1,2} P(w_i \mid x)$ 对于所有的 x 取大，而条件错误率 $P(e \mid x)$ 对于所有的 x 取小，因此平均错误率公式 $P(e)$ 的积分最小。

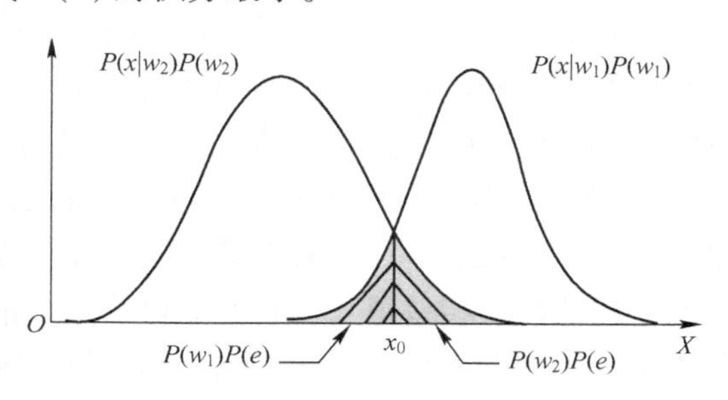

图 3-1　贝叶斯决策错误率

最小错误率贝叶斯有以下几种等价描述：

1）联合概率描述，公式如下：

$$P(x \mid w_i)P(w_i) = \max_{i=1,2} P(x \mid w_i)P(w_i), \quad x \in w_i \tag{3-7}$$

2）似然比描述，公式如下：

$$l(x) = \frac{P(x \mid w_1)}{P(x \mid w_2)} > \frac{P(w_2)}{P(w_1)}, \quad x \in w_1 \tag{3-8}$$

3）对数似然比描述，公式如下：

$$h(x) = \ln[l(x)] = \ln[P(x \mid w_1)/P(x \mid w_2)] > \ln[P(w_2)/P(w_1)], \quad x \in w_1 \tag{3-9}$$

联合概率描述可以由贝叶斯公式求得，似然比描述是统计学常用方法，而对数似然比描述在数学上可以加速变化率。它们在应用上各有优点。

【例 3-1】 对一批人进行癌症普查，患癌症者定为属 w_1 类，正常者定为属 w_2 类。统计资料表明人们患癌的概率为 $P(w_1) = 0.005$，从而 $P(w_2) = 0.995$。设有一种诊断此病的化验，其结果有阳性反应和阴性反应之分，依其作诊断。化验结果是一维离散模式特征。资料表明：癌症患者有阳性反应的概率为 0.95，即 $P(x=\text{阳} \mid w_1) = 0.95$，从而可知 $P(x=\text{阴} \mid w_1) = 0.05$，正常人阳性反应概率为 0.01，即 $P(x=\text{阳} \mid w_2) = 0.01$，则可知 $P(x=\text{阴} \mid w_2) = 0.99$，问有阳性反应的人患癌症的概率有多大？

解：

$$\begin{aligned} P(w_1 \mid x=\text{阳}) &= P(x=\text{阳} \mid w_1)P(w_1)/P(x=\text{阳}) \\ &= P(x=\text{阳} \mid w_1)P(w_1)/(P(x=\text{阳} \mid w_1)P(w_1) + P(x=\text{阳} \mid w_2)P(w_2)) \\ &= (0.95 \times 0.005)/(0.95 \times 0.005 + 0.01 \times 0.995) \approx 0.323 \end{aligned}$$

说明有阳性反应的人的患癌率为 32.3%。当要求医生必须判决其属于哪类时，因为

$$P(w_2 \mid x=\text{阳}) = 1 - 0.323 = 0.667 > P(w_1 \mid x=\text{阳})$$

故“$x=\text{阳}$” $\in w_2$，即有阳性反应的人判属正常人。写成似然比形式如下：

$$l(x) = P(x=\text{阳} \mid w_1)/P(x=\text{阳} \mid w_2) = 0.95/0.01 = 95 < P(w_2)/P(w_1) = 0.995/0.005 = 199$$

因此，$x \in w_2$。

3.2 基于最小风险的贝叶斯准则

在3.1节中介绍了最小错误概率的贝叶斯决策，并且证明了应用这种决策法则时，平均错误概率是最小的。在许多情况下，我们对模式识别的要求正是使分类的错误概率最小。但是，对一些识别问题来说，采用这种决策法则的结果并不能让我们满意。从3.1节的式(3-1)可以看出，存在两种分类的错误，一是真实状态为w_1，而把模式分类到w_2类；另一类是真实状态为w_2，而把模式分类到w_1类。容易理解，当发生分类错误时，会带来损失。如果由于这两种分类错误而造成的损失相差很大，就不能再按最小错误概率的贝叶斯决策法则来分类。例如，癌细胞概率识别问题就是这样的情况，如果把正常的细胞误分类成癌变的细胞，就可能会使正常人在一定时期内产生不必要的负担，造成一定的损失；而如果把真正的癌细胞分类成正常的细胞，就会延误医治，给病人造成不可挽回的损失。显然后者的损失比前者要大得多。在进行癌细胞识别的研究时，就应该考虑到这一点。最小风险的贝叶斯决策就是要把各种分类错误而引起的损失考虑进去的贝叶斯决策法则。

下面讨论最小风险的贝叶斯决策。在决策论中，把采取的决策或行动称为动作，每个决策或动作都会带来一定的损失，它通常是动作和自然状态的函数。

上面癌细胞识别的例子可以用决策表的形式表示出来，决策表见表3-1。

表3-1　决策表

损失 \ 自然状态 / 动作	正常	癌变
正常	0	10
癌变	2	4

设$A=\{\alpha_1,\alpha_2,\cdots,\alpha_a\}$是$a$个可能动作的有限集合；$\Omega=\{w_1,w_2,\cdots,w_s\}$是$s$个自然状态的有限集合；$\lambda(\alpha_i \mid w_j)$是当自然状态为$w_j$时，采取动作$\alpha_i$所造成的损失；特征向量$\boldsymbol{X}$是$n$维随机向量；$p(x \mid w_j)$是$\boldsymbol{X}$在自然状态为$w_j$情况下的条件概率密度；最后，设$P(w_j)$是自然状态为$w_j$的先验概率，则后验概率是

$$P(w_j \mid x)=p(x \mid w_j)P(w_j)/p(x) \tag{3-10}$$

式中，$p(x)=\sum_{i=1}^{s} p(x \mid w_i)P(w_i)$。

假定观察到一个x，同时决定采取动作α_i，如果真正状态为w_j，就会导致产生损失$\lambda(\alpha_i \mid w_j)$。因为$p(x \mid w_j)$是自然状态为$w_j$的概率，所以与采取的动作$\alpha_i$有关的损失的数学期望就是

$$R(\alpha_i \mid x)=\sum_{j=1}^{s} \lambda(\alpha_i \mid x)P(w_j \mid x) \tag{3-11}$$

在决策论中，损失的平均值称为风险，而在观察到x条件下的平均损失$R=(\alpha_i \mid x)$称为条件风险。每当观察到一个x时，总可以选取使条件风险极小的动作来使平均损失极小化。

现在的问题是要找一个贝叶斯决策，使得总风险最小。一个决策规则可看做是 x 的函数 $\alpha(x)$，它告诉我们对每个可能的观察 x 应采取什么动作，也就是对于每个 x，决策函数 $\alpha(x)$ 应采取 α 个动作 α_1，α_2，…，α_a 中的哪一个。总风险 R 就是与给定的决策规则相联系的期望损失。因为 $R=(\alpha_i \mid x)$ 是与动作相联系的条件风险，而且决策规则确定了动作，所以总风险是

$$R=\int_{\Gamma} R(a(x) \mid x) p(x) \mathrm{d}x \tag{3-12}$$

这里 $\mathrm{d}x$ 是 n 维空间的体积元。积分在整个特征空间 Γ 上进行。

显然，每当观察到一个 x 时，如果动作 $\alpha(x)$ 的选择使平均损失对每个具体的 x 都尽可能小，则总风险就会到达极小。这就证明了下述最小风险的贝叶斯决策规则：为了使风险最小，应对于 $i=1$，2，…，a，计算条件风险 $R(\alpha_i \mid x)=\sum_{j=1}^{s} \lambda(\alpha_i \mid x) \cdot P(w_j \mid x)$ 并选择动作，使得 $R=(a_i \mid X)$ 最小。

这样得到的最小风险称为贝叶斯风险。这种决策方法给出所能得到的性能最好的分类器。使用这种方法的问题是如何决定损失函数 $\lambda(\alpha_i \mid w_j)$，而要在实际问题中正确地决定它是很困难的。

对于两类问题，动作 α_1 相当于决策“真正状态为 w_1”，而动作 α_2 相当于决策“真正状态为 w_2”。为了简化下面的讨论，记

$$\lambda_{ij}=\lambda(\alpha_i \mid w_j)$$

为当真正状态是 w_j 而把 w_i 误作真正状态时所受到的损失。将式（3-10）按两类问题展开就可得到

$$\begin{aligned} R(\alpha_1 \mid x) &= \lambda_{11} P(w_1 \mid x)+\lambda_{12} P(w_2 \mid x) \\ R(\alpha_2 \mid x) &= \lambda_{21} P(w_1 \mid x)+\lambda_{22} P(w_2 \mid x) \end{aligned} \tag{3-13}$$

这时最小风险的贝叶斯决策法则就是：如果 $R(\alpha_1 \mid x)<R(\alpha_2 \mid x)$，则就判定 w_1 为真正的状态。经过简单变换，可以得到这个决策法则的另一种形式：如果 $(\lambda_{21}-\lambda_{11})P(w_1 \mid x)>(\lambda_{12}-\lambda_{22})P(w_2 \mid x)$，则判定 w_1 为真正的状态；否则 w_2 为真正的状态。

因为做出错误的决策引起的损失比做出正确的决策引起的损失要大，所以（$\lambda_{21}-\lambda_{11}$）和（$\lambda_{12}-\lambda_{22}$）均为正。这个式子告诉我们最小错误概率和最小风险的贝叶斯判决法则都是基于比较哪一种状态的可能性（后验概率）更大来决定的，只是后一种决策规则要在后验概率上乘以一个适当的损失差作为比例因子而已。

根据贝叶斯法则，还可以用先验概率和条件概率密度之积来代替后验概率。这可以得到另一种形式的最小风险贝叶斯决策规则：$(\lambda_{21}-\lambda_{11})P(w_1 \mid x)P(w_1)>(\lambda_{12}-\lambda_{22})P(w_2 \mid x)P(w_2)$，则决策 w_1；否则决策 w_2。或者写成：如果 $p(x \mid w_1)/p(x \mid w_2)>(\lambda_{12}-\lambda_{22})P(w_2)/[(\lambda_{21}-\lambda_{11})P(w_1)]$，则决策 w_1，否则决策 w_2。

这里 $p(x \mid w_1)/p(x \mid w_2)$ 是似然比。所以决策法则可理解为：如果似然比超过某个与 x 无关的阈值 $(\lambda_{12}-\lambda_{22})P(w_2)/[(\lambda_{21}-\lambda_{11})P(w_1)]$，则决策 w_1，否则决策 w_2。

下面观察两个特殊情况，来探讨最小风险贝叶斯决策和最小概率贝叶斯决策的关系。

在两类问题中，若有

$$(\lambda_{12}-\lambda_{22})=(\lambda_{21}-\lambda_{11})$$

即所谓对称损失函数的情况，这时最小风险的贝叶斯决策方法和最小概率的贝叶斯决策方法显然是一致的。

在一般的多类问题中，当0－1损失函数的情况时，即

$$\lambda(\alpha_i \mid w_j)=\begin{cases}0, & i=j\\ 1, & i\neq j, i,j=1,2,\cdots,c\end{cases}$$

它说明，当正确决策时，没有任何损失，而当做出错位决策时，不管对于哪一类模式，损失都为1，即所有错误的代价是相同的。这也就是一种对称损失函数的情况。这时条件风险为

$$R(\alpha_i \mid x)=\sum_{j=1}^{C}\lambda(\alpha_i \mid w_j)P(w_j \mid x)=\sum_{j\neq i}P(w_j \mid x)=1-P(w_i \mid x) \tag{3-14}$$

式（3.14）中，$P(w_i \mid x)$动作是α_i正确时的条件概率。

最小风险的贝叶斯决策规则要求选择一个动作使条件风险极小，这就要求在式（3-14）中选择i使$R=(\alpha_i \mid x)$极小，亦即要使后验概率$P(w_i \mid x)$极大，就是说，为了使条件风险达到极小，根据式（3-14），必须有：对于一切$j\neq i$如果$P(w_i \mid x)>P(w_j \mid x)$，则决策$w_i$。

这正是最小错误概率的贝叶斯决策法则。可以看出，在0－1损失函数情况下，最小风险的贝叶斯决策和最小概率的贝叶斯决策的结果也是相同的。这就是两种贝叶斯决策法则间的关系。

3.3 最大最小决策规则

对于两分类问题，前面介绍的几种决策规则都可归结为将似然比与某个门限值比较大小。决策规则的不同，只是所选用的门限不同。

如3.2节所述，在最小风险的贝叶斯决策中，两分类模式识别的门限值为

$$(\lambda_{12}-\lambda_{22})P(w_2)/[(\lambda_{21}-\lambda_{11})P(w_1)]$$

它是先验概率$P(w_i)$，$i=1$，2的函数。因此，只要$P(w_i)$是不变的，最小风险的贝叶斯规则总是能给出最优的结果。但是，如果$P(w_i)$变化了，固定的门限值就不可能给出最小风险。本节介绍的方法是用来设计门限值，使得即使$P(w_i)$发生变化，也可使最大风险最小。

首先，考虑先验概率$P(w_i)$可能变化的情况。为此，用$P(w_i)$来表达风险R。

根据式（3-12），总风险为

$$R=\int_{\Gamma}R(a(x) \mid x)p(x)\mathrm{d}x$$

现在分析总风险R与先验概率$P(w_i)$之间的关系。在二分类的情况下有

$$R(\alpha_1 \mid x)=\lambda_{11}P(w_1 \mid x)+\lambda_{12}P(w_2 \mid x)$$
$$R(\alpha_2 \mid x)=\lambda_{21}P(w_1 \mid x)+\lambda_{22}P(w_2 \mid x)$$

所以

$$\begin{aligned}R&=\int_{\Gamma_1}R(\alpha_1(x) \mid x)P(x)\mathrm{d}x+\int_{\Gamma_2}R(\alpha_1(x) \mid x)P(x)\mathrm{d}x\\&=\int_{\Gamma_1}\lambda_{11}P(w_1 \mid x)P(x)\mathrm{d}x+\int_{\Gamma_1}\lambda_{12}P(w_2 \mid x)P(x)\mathrm{d}x\end{aligned}$$

$$
\begin{aligned}
&+\int_{\Gamma_2}\lambda_{21}P(w_1\mid x)P(x)\mathrm{d}x+\int_{\Gamma_2}\lambda_{22}P(w_2\mid x)P(x)\mathrm{d}x\\
&=\int_{\Gamma_1}\lambda_{11}P(w_1)P(x\mid w_1)\mathrm{d}x+\int_{\Gamma_1}\lambda_{12}P(w_2)P(x\mid w_2)\mathrm{d}x\\
&+\int_{\Gamma_2}\lambda_{21}P(w_1)P(x\mid w_1)\mathrm{d}x+\int_{\Gamma_2}\lambda_{22}P(w_2)P(x\mid w_2)\mathrm{d}x
\end{aligned}
$$

由于

$$P(w_1)+P(w_2)=1$$

以及

$$\int_{\Gamma_2}P(x\mid w_i)\mathrm{d}x=1-\int_{\Gamma_1}P(x\mid w_i)\mathrm{d}x$$

所以

$$
\begin{aligned}
R=&\left[\lambda_{22}+(\lambda_{21}-\lambda_{22})\int_{\Gamma_1}P(x\mid w_2)\mathrm{d}x\right]\\
&+\left[(\lambda_{11}-\lambda_{22})+(\lambda_{12}-\lambda_{11})\int_{\Gamma_2}P(x\mid w_1)\mathrm{d}x-(\lambda_{21}-\lambda_{22})\int_{\Gamma_1}P(x\mid w_2)\mathrm{d}x\right]P(w_1)\\
=&\ a+bP(w_1)
\end{aligned}
\tag{3-15}
$$

由式（3-15）可知，当分类器确定以后，总风险 R 就是先验概率 $P(w_1)$ 的线性函数。

在图 3-2a 中，直线表示按照预先给定的先验概率 $P^*(w_1)$ 设计分类器以后，不再调整门限值的情况下，期望风险 R 与 $P(w_1)$ 之间的关系。而曲线则表示在 $P(w_1)$ 变化时，不断按式 $p(x\mid w_1)/p(x\mid w_2)>(\lambda_{12}-\lambda_{22})P(w_2)/[(\lambda_{21}-\lambda_{11})P(w_1)]$ 调整门限所能达到的最小期望风险。两线只是在设计分类器时所取的 $P^*(w_1)$ 这一点上相交。若实际 $P(w_1)$ 与设计贝叶斯分类器时所用的 $P^*(w_1)$ 相差较大，表明分类器性能不好，期望风险 R_A 比可能达到的最小期望风险 R'_A 大得多。但是若在设计分类器时按照图 3-2b 中的 $P^0(w_1)$ 来进行，则不管 $P(w_1)$ 怎么变，分类器的性能都不会变坏。因此，若把分类器确定以后，$P(w_1)$ 的变化所造成的最大期望风险作为准则，则图 3-2b 所示的设计方法是最优的。因为它使最大期望风险最小化，按图 3-2b 的方法设计分类器就是按式（3-15）中 $b=0$ 来选门限值，即

$$(\lambda_{11}-\lambda_{22})+(\lambda_{12}-\lambda_{11})\int_{\Gamma_1}P(x\mid w_2)\mathrm{d}x-(\lambda_{21}-\lambda_{22})\int_{\Gamma_1}P(x\mid w_2)\mathrm{d}x=0 \tag{3-16}$$

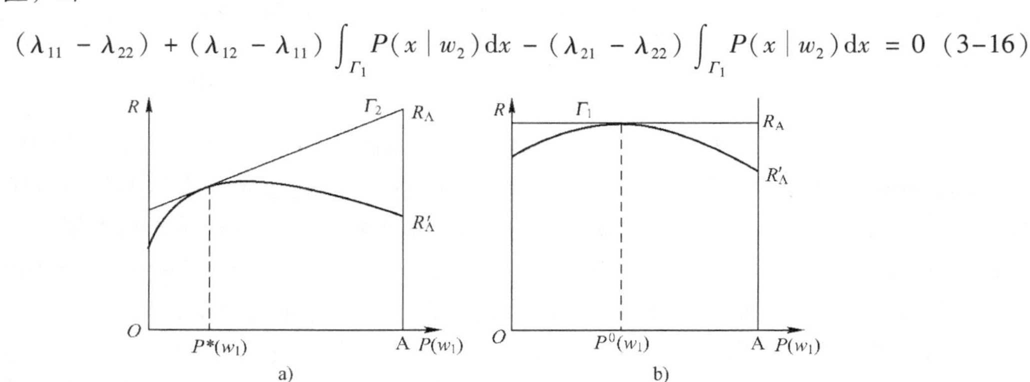

图 3-2　最小最大决策

若令 $\lambda_{11}=\lambda_{22}=0$，$\lambda_{12}=\lambda_{21}=1$，并记 $\varepsilon_1=\int_{\Gamma_2}p(x\mid w_1)\mathrm{d}x$，$\varepsilon_2=\int_{\Gamma_1}p(x\mid w_2)\mathrm{d}x$，则由式（3-14），即得$\varepsilon_1=\varepsilon_2$，也就是说按最小最大决策规则设计分类器时，应取使两种错误率相等时的门限值。

最小最大决策方法主要用于决定 $P(w_i)$可变时的计算值，在这种情况下，使最大风险最小。当然，它的缺点是偏于保守。

3.4 纽曼－皮尔逊（Neyman－Pearson）决策规则

对二类决策问题，可能犯两类错误。第一类错误——实际为w_1 而错判为w_2。以ε_1 记这种错误的错误率。第二类错误——实际为w_2 而错判为w_1。以ε_2 记这种错误的错误率。

在 3.3 节所述的最小错误率贝叶斯决策规则是要使平均错误率 $P(e)=P(w_2)\varepsilon_2+P(w_1)\varepsilon_1$为最小。而纽曼－皮尔逊决策规则为：在$\varepsilon_2$ 等于某常数（例如ε_0）的条件下，使ε_1 最小。

这是一个在$\varepsilon_2=\varepsilon_0$ 等式约束条件下，求ε_1 为极小的极值问题，可用拉格朗日乘子法化为无约束的极值问题。定义一个准则函数如下：

$$\gamma=\varepsilon_1+\lambda(\varepsilon_2-\varepsilon_0) \tag{3-17}$$

式中，λ 为拉格朗日乘子，也是一个需要在求解过程中求出的数。

一个两类问题可以看成是将模式空间 Γ 划分成两个互不相交的子空间Γ_1 和Γ_2。现在问题成为怎样划分模式空间，使 γ 为最小。由ε_1 和ε_2 的含义，有 $\varepsilon_1=\int_{\Gamma_1}P(x\mid w_1)\mathrm{d}x$，即实际上属 w_1，而观察矢量 $\boldsymbol{x}$ 落入Γ_2，因而被错判为 w_2 的概率。同理，$\varepsilon_2=\int_{\Gamma_1}P(x\mid w_2)\mathrm{d}x$。由于$\Gamma_1$ 和Γ_2 互不交叠，而又占满了整个模式空间。故有

$$\varepsilon_1=\int_{\Gamma_2}P(x\mid w_1)\mathrm{d}x=1-\int_{\Gamma_1}P(x\mid w_1)\mathrm{d}x$$

将ε_1 和ε_2 表达式代入式（3-17），有

$$\begin{aligned}\gamma&=\varepsilon_1+\lambda(\varepsilon_2-\varepsilon_0)\\&=1-\int_{\Gamma_1}P(x\mid w_1)\mathrm{d}x+\lambda\int_{\Gamma_1}P(x\mid w_2)\mathrm{d}x-\lambda\varepsilon_0\\&=(1-\lambda\varepsilon_0)+\int_{\Gamma_1}[\lambda P(x\mid w_2)-P(x\mid w_1)]\mathrm{d}x\end{aligned} \tag{3-18}$$

现在问题归结于选择Γ_1 使 γ 最小。通过把使得 $\lambda P(x\mid w_2)-P(x\mid w_1)$为负的所有 $\boldsymbol{x}$ 都归于Γ_1，把使它为正的都归于Γ_2，可以做到使 γ 最小。因此纽曼－皮尔逊决策规则就是按$\lambda P(x\mid w_2)-P(x\mid w_1)$的正负作决策，大于零的判为属于$w_2$，小于零的判为属于$w_1$，即若$p(x\mid w_2)-P(x\mid w_1)<0$，则 $x\in w_1$，反之，则 $x\in w_2$，形式上和式（3-8）十分相似。即纽曼－皮尔逊决策也是把似然比和某个门限值比较大小，依此做出决策，只是门限值不同。λ 的大小对两种错误率ε_1 和ε_2 都有影响，应选择使$\varepsilon_2=\varepsilon_0$ 的λ_0 值。

事实上，随着 λ 变大，要使似然比 $l_{12}(x)=P(x\mid w_1)/P(x\mid w_2)>\lambda$ 变得更困难。即 λ 变大，使做出判决 $x\in w_1$ 的机会减小，因而犯第二类错误的可能减小，故ε_2 是 λ 的单调递

减函数。

$$\varepsilon_2 = \int_{\lambda}^{\infty} P(l_{12} \mid w_2) \mathrm{d}l_{12} \tag{3-19}$$

即实际来自 w_2 的似然比 l_{12}大于 λ 的概率。注意到 $P(l_{12} \mid w_2)$非负，很显然ε_2 将随 λ 的增加而减少。但是，求解$\varepsilon_2 = \varepsilon_0$ 时的λ_0 值较困难，难以得到解析解，一般可用数值解，即尝试几个 λ 值，得到$\varepsilon_2 - \lambda$ 曲线，如图 3-3 所示，然后用内插法估计λ_0。

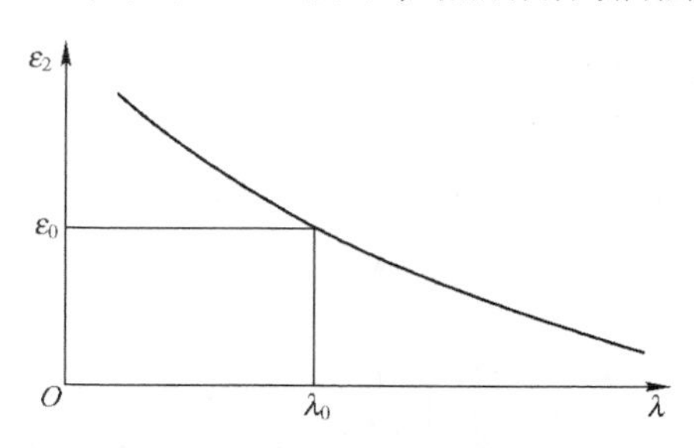

图 3-3　ε_2 随 λ 增大而单调下降

总之，纽曼 - 皮尔逊决策是在ε_2 为某常数的条件下，使ε_1 尽量小的决策方法。

【例 3-2】设两类问题中，二维模式均为正态分布，其均值矢量和协方差矩阵分别为 $\boldsymbol{\mu}_1 = \begin{pmatrix} -1 \\ 0 \end{pmatrix}$，$\boldsymbol{\mu}_2 = \begin{pmatrix} 1 \\ 0 \end{pmatrix}$，$\boldsymbol{\Sigma}_1 = \boldsymbol{\Sigma}_1 = \boldsymbol{I}$，取定$\varepsilon_2 = 0.04$，试求出纽曼 - 皮尔逊判决的阈值。

解：由公式和给定的条件可算得两类的概率密度分别为

$$P(x \mid w_1) = \exp[-((x_1+1)^2 + x_2^2)/2]/(2\pi)$$

$$P(x \mid w_2) = \exp[-((x_1+1)^2 + x_2^2)/2]/(2\pi)$$

由上面两式可以算得

$$p(x \mid w_1)/p(x \mid w_2) = \exp(-2x_1) = \lambda$$

其为判决界面，上面两边取对数，于是可得判别规则如下：

$$x_1 \underset{<}{>} -\ln\lambda/2, \ x \in \begin{cases} w_1 \\ w_2 \end{cases}$$

由于界面只是 x_1的函数，需求 P（$x \mid w_2$）的边缘密度 P（$x_1 \mid w_2$）公式如下：

$$\begin{aligned} P(x_1 \mid w_2) &= \int_{-\infty}^{\infty} P(x \mid w_2) \mathrm{d}x_2 \\ &= \int_{-\infty}^{\infty} \exp[-(x_1-1)^2 + x_2^2/2]/(2\pi) \mathrm{d}x_2 \\ &= \exp[-(x_1-1)^2/2]/\sqrt{2\pi} \end{aligned}$$

由上面的判决规则，有

$$\begin{aligned} \varepsilon_2 &= \int_{\infty}^{\frac{1}{2}\ln\lambda} \exp[-(x_1-1)^2]/\sqrt{2}\mathrm{d}x_1 \\ &= \int_{\infty}^{\frac{1}{2}\ln\lambda - 1} \exp(-y^2/2)/\sqrt{2}\mathrm{d}y \end{aligned}$$

上面的函数关系有数学用表可供查询。经查表，可算得ε_2 与 λ 的关系见表 3-2。

表 3-2　ε_2 与 λ 的关系

λ	4	2	1	0.5	0.25
ε_2	0.046	0.089	0.159	0.258	0.378

由设定的 $\varepsilon_2=0.04$，查表可得 $\lambda=4$，对应的 $-\ln\lambda/2=-0.693$，从而得此问题的判决规则为

若 $x_1 \begin{matrix} > \\ < \end{matrix} -0.693$，则判 $x\in\begin{cases}w_1\\w_2\end{cases}$

类的分布及判决界面如图 3-4 所示。

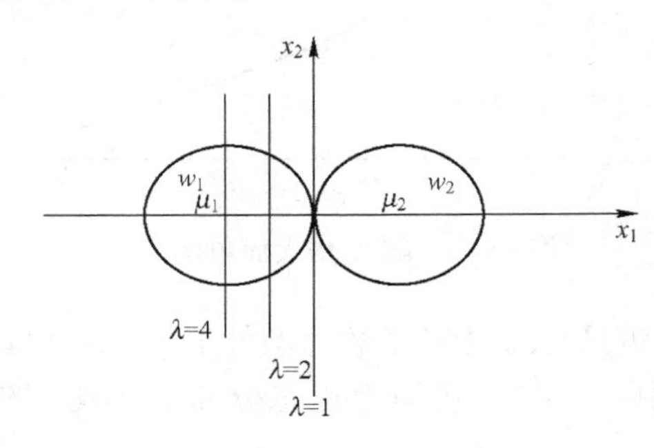

图 3-4　纽曼－皮尔逊决策界面

3.5　贝叶斯学习估计案例（手写字符）

如图 3-5 所示，对每个手写字符分成 25 份，然后统计每份中手写字符所点像素个数及每份中的像素总数，两者之比大于 0.05，则其特征值为 1，反之则为 0。

图 3-5　手写字符

手写字符识别步骤如下：

1）计算样品的先验概率 $P(w_i)$：

$$p(w_i)\approx N_i/N$$

N_i 为手写字符 i 的样品数，N 为样品总数。

2）根据以下公式计算P_j（w_i）及类条件概率 $P(X\mid w_i)$：

$$P_j(\omega_i)=\Big(\sum_{\substack{k=0\\X\in\omega_i}}^{N_i}x_{kj}+1\Big)/(N_i+2),\quad i=0,1,\cdots,9,\ j=0,1,\cdots,24$$

1）求贝叶斯判决函数（用0－1损失函数）。

2）求总的误判概率。

9. 设θ是一批产品的不合格率，已知它不是0.1就是0.2，且其先验分布为$P(0.1)=0.7$，$P(0.2)=0.3$. 假如从这批产品中随机抽取8个进行检查，发现有两个不合格品。求θ的后验分布。

10. 若$\lambda_{11}=\lambda_{22}=0$，$\lambda_{12}=\lambda_{21}$，证明此时最小最大决策面是来自两类的错误率相等。

第 4 章　Fisher 线性判别

4.1　判别域界面方程分类的概念

判别类域界面法中，用已知类别的训练样本产生判别函数，这相当于学习或训练，根据待分类模式代入判别函数后所得值的正负来确定其类别。判别函数提供了相邻两类判别域的界面，也相应于在一些设定下两类概率函数之差。

一个模式的 n 维特征矢量 $\boldsymbol{x}$ 对应于 n 维特征空间 X^n 中一个特征点，当特征选取适当时，可使同一类模式的特征点在特征空间中某一子区域内散布，另一类模式的特征点在另一子区域内散布。据此，可运用已知类别的训练样本进行学习，以产生若干个代数界面 $d(x)=0$，将特征空间划分成一些互不重叠的子区域，使不同的模式类或其主体在不同的子区域中。基于不同类的特征点在不同子区域中的观点，可以根据待识模式特征点所在子区域来确定其类别。特征点所在子区域可根据它的特征值代入 $d(x)$ 后的取值正负而确定，因此这些子区域称为判别域，表示界面的函数 $d(x)$ 称为判别函数。对于三维空间，界面一般是曲面，特殊情况下是平面；对于更多维数的情况，则是非直观的所谓超曲面、超平面等。对于来自两类的一组模式 $\boldsymbol{x}_1$，$\boldsymbol{x}_2$，…，$\boldsymbol{x}_n$，如果能用一个线性判别函数对它们正确分类，则称它们是线性可分的，否则称为非线性可分。对于 c 类模式集，若能用 c 个线性判别函数将特征空间划分成 c 个判别域并能对它们进行正确分类，则称它们是线性可分的，两类模式判别类域的界面如图 4-1 所示。一个模式特征矢量 $\boldsymbol{x}=(x_1,x_2)^{\mathrm{T}}$ 在特征空间 $O-x_1x_2$ 平面中对应一个点，不同类别 w_1 和 w_2 的模式特征点在不同的子区域（类域）中散布。首先根据已知类别的训练模式确定划分各类子区域的界面方程，在此例中，这个界面可以是一条直线：

$$d(\boldsymbol{x})=w_1x_1+w_2x_2+w_3=0$$

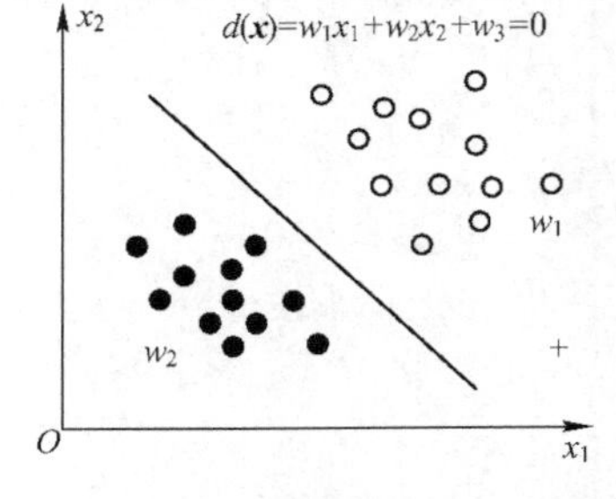

图 4-1　两类模式判别类域的界面

通过适当的算法所产生的判别函数 $d(\boldsymbol{x})$，应能使当 $\boldsymbol{x}$ 属于 w_1 时，有 $d(\boldsymbol{x})>0$；当 $\boldsymbol{x}$ 属于 w_2 时，有 $d(\boldsymbol{x})<0$。这个过程称为训练，所得的各个子区域称为判别域。有了判别界面之后，就可以进行判别，将待识模式 $\boldsymbol{x}$ 代入 $d(\boldsymbol{x})$ 中，若 $d(\boldsymbol{x})>0$，则判定 $\boldsymbol{x}\in w_1$；若 $d(\boldsymbol{x})<0$，则判定 $\boldsymbol{x}\in w_2$；若 $d(\boldsymbol{x})=0$，则 $\boldsymbol{x}$ 的归属不能判定或任判。

4.2　线性判别函数

在 n 维特征空间中，特征矢量 $\boldsymbol{x}=(x_1,x_2,\cdots,x_n)^{\mathrm{T}}$，线性判别函数的一般形式如下：

$$d(\boldsymbol{x}) = w_1 x_1 + w_2 x_2 + \cdots + w_n x_n + w_{n+1} \approx \boldsymbol{w}_0^{\mathrm{T}}\boldsymbol{x} + \boldsymbol{w}_{n+1} \tag{4-1}$$

式中，$\boldsymbol{w}_0 = (w_1, w_2, \cdots, w_n)^{\mathrm{T}}$ 称为权矢量或系数矢量。

为简洁起见，式（4-1）还可以写成

$$d(\boldsymbol{x}) \approx \boldsymbol{w}_0^{\mathrm{T}}\boldsymbol{x} \tag{4-2}$$

式中，$\boldsymbol{x} = (x_1, x_2, \cdots, x_n, 1)^{\mathrm{T}}$，$\boldsymbol{w} = (w_1, w_2, \cdots, w_n, w_{n+1})^{\mathrm{T}}$。

其中 $\boldsymbol{x}$ 称为增广特征矢量，$\boldsymbol{w}$ 称为增广权矢量。此时的增广特征矢量的全体称为增广特征空间。

4.2.1 两类问题

对于两类问题，设 $d(\boldsymbol{x})$ 为判别函数，待识别模式增广特征矢量 $\boldsymbol{x}$ 可通过下面的判别规则进行分类：

$$d(\boldsymbol{x}) = \boldsymbol{w}^{\mathrm{T}}\boldsymbol{x} \begin{cases} >0 \Rightarrow \boldsymbol{x} \in w_1 \\ <0 \Rightarrow \boldsymbol{x} \in w_2 \\ =0 \Rightarrow \text{任判，或拒判} \end{cases} \tag{4-3}$$

上述规则中，$A \Rightarrow B$ 表示若 A 成立则 B 成立。

4.2.2 多类问题

两类判别方法可以推广应用到类数大于 2 的多类情况，一般有 5 个技术途径，这 5 个途径分别是：$w_i/\overline{w}_i$ 两分法、$w_i/\overline{w}_j$ 两分法、没有不确定区的 w_i/w_j 两分法、决策树法以及神经网络方法。

1. $\boldsymbol{w_i/\overline{w}_i}$ 两分法

所确定的判别函数将属于 w_i 类和不属于 w_i 类的模式划分开，这是此方法的基本思想。于是，c 类问题转变为 $c-1$ 个独立的判别函数。为了方便，可建立 c 个判别函数：

$$d_i(\boldsymbol{x}) = \boldsymbol{w}_i^{\mathrm{T}}\boldsymbol{x}, \quad i = 1, 2, \cdots, c \tag{4-4}$$

通过训练，其中每个判别函数都具有下面的性质：

$$d_i(\boldsymbol{x}) \begin{cases} >0, & \boldsymbol{x} \in w_i \\ <0, & \boldsymbol{x} \notin w_i \end{cases}, \quad i = 1, 2, \cdots, c \tag{4-5}$$

式中，$\boldsymbol{x} \notin w_i$ 也可记为 $\boldsymbol{x} \in \overline{w}_i$。

由于 $d_i(\boldsymbol{x})$ 具有上述性质，可考虑将它们作为判别函数。判别界面 $d_i(\boldsymbol{x}) = 0$ 将特征空间划分成两个子区域，其中一个子区域包含 w_i 的类域 Ω_i，另一个子区域包含 $\overline{w}_i$ 的类域；同样，另一个判别界面 $d_j(\boldsymbol{x}) = 0$ 也将特征空间划分成两个子区域，其中一个子区域包含 w_j 的类域 Ω_j，另一个子区域包含 $\overline{w}_j$ 的类域。由两个界面 $d_i(\boldsymbol{x}) = 0$ 和 $d_j(\boldsymbol{x}) = 0$ 所划分的包含类域 Ω_i 和 Ω_j 的子区域可能会有部分重叠，落在这个重叠子区域中的点不能由这两个判别函数确定类别，因为 $d_i(\boldsymbol{x}) > 0$，$d_j(\boldsymbol{x}) > 0$。由以上分析可知，使用这类判别函数，可能会同时出现两个或两个以上的判别式都大于零或所有的判别式都小于零的情况。对于出现在这样区域中的点将不能判别出它们的类别，称这样的区域为不确定区，用 IR 表示。类别越多，不确定区也就越多。仅用一个判别函数 $d_i(\boldsymbol{x}) > 0$ 不能可靠地判别出 $\boldsymbol{x} \in w_i$，因此不仅要 $d_i(\boldsymbol{x}) > 0$ 还必须有 $d_j(\boldsymbol{x}) < 0 (\forall j \neq i)$，通过多个不等式的联立，使判别域变小从而使判别结果更准

确。所以对于 c 类问题，判决规则为

如果
$$\begin{cases} d_i(\boldsymbol{x})>0 \\ d_j(\boldsymbol{x})\leqslant 0, \quad \forall j\neq i \end{cases}$$
则判
$$\boldsymbol{x}\in w_i$$

模式集如果能用$w_i/\overline{w}_i$ 两分法正确分类，则称它们是完全线性可分的，其也一定是线性可分的。

2. $\boldsymbol{w_i/w_j}$ 两分法

对 c 类中的任意两类 w_i 和 w_j 都建立一个判别函数，这个判别函数只将属于 w_i 类的模式与属于 w_j 类的模式区分开，对其他类模式分类是否正确不提供信息。由于从 c 元中取两元的组合数为 $c(c-1)/2$，所以要分开 c 类需要有 $c(c-1)/2$ 个判别函数。通过训练得到区分两类和的判别函数为

$$d_{ij}(\boldsymbol{x})=\boldsymbol{w}_{ij}^{\mathrm{T}}\boldsymbol{x}, \quad i,j=1,2,\cdots,c;i\neq j \tag{4-6}$$

它具有如下性质：

$$d_{ij}(\boldsymbol{x})=\boldsymbol{w}_{ij}^{\mathrm{T}}\boldsymbol{x}\begin{cases} >0, & \boldsymbol{x}\in w_i \\ <0, & \boldsymbol{x}\in w_j \end{cases} \tag{4-7}$$
$$d_{ij}(\boldsymbol{x})=-d_{ji}(\boldsymbol{x})$$

根据 $d_{ij}(\boldsymbol{x})$的正负还不能做出 $\boldsymbol{x}$ 是属于 w_i 类还是属于 w_j 类的判别，只能做出 $\boldsymbol{x}$ 是位于含有 w_i 类的子区域中还是位于含有 w_j 类的子区域中的判别，因在其中某一个子区域中还可能含有其他的类域（或一部分）。所以除 $d_{ij}(\boldsymbol{x})$之外，还要根据其他的判别函数才能做出正确的判决。这种方法的判别规则是：

如果
$$d_{ij}(\boldsymbol{x})>0, \quad \forall j\neq i$$
则判
$$\boldsymbol{x}\in w_i$$

这类方法仍然有不确定区。

模式集如果能用 w_i/w_j 两分法正确分类，则称它们是成对线性可分的，成对全线性可分不应是线性可分。

3. 没有不确定区的 $\boldsymbol{w_i/w_j}$ 两分法

对方法 2 中的判别函数做如下形式处理，令

$$d_{ij}(\boldsymbol{x})>0 \tag{4-8}$$

则 $d_{ij}(\boldsymbol{x})>0$ 等价于 $d_i(\boldsymbol{x})>d_j(\boldsymbol{x})$。于是，对每一类均建立一个判别函数 $d_i(\boldsymbol{x})$，c 类问题有如下 c 个判别函数：

$$d_i(\boldsymbol{x})=\boldsymbol{w}_i^{\mathrm{T}}\boldsymbol{x}, \quad i=1,2,\cdots,c \tag{4-9}$$

此种情况下，判别规则为

如果
$$d_i(\boldsymbol{x})>d_j(\boldsymbol{x}), \quad \forall j\neq i$$
则判
$$\boldsymbol{x}\in w_i$$

这个判别规则的另一种表达形式为

如果
$$d_i(\boldsymbol{x})=\max_j[d_j(\boldsymbol{x})]$$
则判
$$\boldsymbol{x}\in w_i$$

容易知道，不等式组 $d_i(\boldsymbol{x})>d_j(\boldsymbol{x})$，将特征空间划分成 c 个判别域 D_1，D_2，…，D_c，当

$\boldsymbol{x}$ 在 D_i 中时，则有 $d_i(\boldsymbol{x})>d_j(\boldsymbol{x})\ (\forall j\neq i)$。实际上有的判别域可能并不相邻。如果 D_i 和 D_j 相邻，则它们的界面方程为 $d_i(\boldsymbol{x})=d_j(\boldsymbol{x})$。该方法的判别界面是凸的，界面为分片超平面，通常其个数少于 $c(c-1)/2$，判别域单连通。这种判别形式使得该方法没有不确定区。

此种情况下的正确分类是线性可分的。

4. 小结

当 $c>3$ 时，w_i/w_j 法比 $w_i/\overline{w}_i$ 法需要更多的判别函数式，这是其缺点，但是 $w_i/\overline{w}_i$ 法是将 w_i 类与其余的 $c-1$ 类区分开，而 w_i/w_j 法是将 w_i 类和 w_j 类分开，显然 w_i/w_j 法使模式更容易线性可分，这是它的优点。方法 3 判别函数的数目和方法 1 相同，但又有方法 2 容易线性可分且没有不确定区的优点，因其分析简单，性能良好，故是最常用的一种方法。方法 3 也有一定的局限性，而决策树方法、人工神经网络法通常比方法 1、2、3 更有效。

事实上，线性函数界面方法在本质上与聚类中的最近距离原则是一致的。设定各类的原形点（或中心）为 $\boldsymbol{p}_1,\ \boldsymbol{p}_2,\ \cdots,\ \boldsymbol{p}_c$，对于一个待识别模式 $\boldsymbol{x}$，最小距离分类器是将 $\boldsymbol{x}$ 分到与之最近的原形点所在的类中。$\boldsymbol{x}$ 与原形点的距离平方为

$$\|\boldsymbol{x}-\boldsymbol{p}_i\|^2=\boldsymbol{x}^{\mathrm{T}}\boldsymbol{x}-2\boldsymbol{p}_i^{\mathrm{T}}\boldsymbol{x}+\boldsymbol{p}_i^{\mathrm{T}}\boldsymbol{p}_i,\quad i=1,2,\cdots,c$$

比较上述各式大小并进行分类，这等价于比较下式的大小

$$\boldsymbol{p}_i^{\mathrm{T}}\boldsymbol{x}-1/(2\boldsymbol{p}_i^{\mathrm{T}}\boldsymbol{p}_i),\quad i=1,2,\cdots,c$$

上述各式便是线性判别函数。

4.3 判别函数数值的鉴别意义、权空间及解空间

4.3.1 判别函数数值的大小、正负的数学意义

在 n 维特征空间中，两类问题的线性判别界面方程如下：

$$d(\boldsymbol{x})=\boldsymbol{w}_0^{\mathrm{T}}\boldsymbol{x}+w_{n+1}=w_1x_1+w_2x_2+\cdots+w_nx_n+w_{n+1}=0 \tag{4-10}$$

此方程表示一超平面，记为 π。系数矢量 $\boldsymbol{w}_0=(w_1,w_2,\cdots,w_n)^{\mathrm{T}}$ 是该平面的法矢量，即 $\boldsymbol{w}_0\perp$ 平面 π。现证明如下：

设点 $\boldsymbol{x}_1$、$\boldsymbol{x}_2$ 在判别界面中，故它们满足方程，于是有

$$\boldsymbol{w}_0^{\mathrm{T}}\boldsymbol{x}_1+w_{n+1}=0$$

$$\boldsymbol{w}_0^{\mathrm{T}}\boldsymbol{x}_2+w_{n+1}=0$$

上面两式相减，可得

$$\boldsymbol{w}_0^{\mathrm{T}}(\boldsymbol{x}_1-\boldsymbol{x}_2)=0 \tag{4-11}$$

式（4-11）表明 $\boldsymbol{w}_0\perp(\boldsymbol{x}_1-\boldsymbol{x}_2)$，而差矢量 $(\boldsymbol{x}_1-\boldsymbol{x}_2)$ 在判别界面中，由于 $\boldsymbol{x}_1$、$\boldsymbol{x}_2$ 是 π 中的任意两点，故 $\boldsymbol{w}_0\perp$ 平面 π。

平面 π 的方程可以写成如下形式：

$$(\boldsymbol{w}_0^{\mathrm{T}}\boldsymbol{x})/\|\boldsymbol{w}_0\|=-w_{n+1}/\|\boldsymbol{w}_0\| \tag{4-12}$$

式中，$\|\boldsymbol{w}_0\|=(w_1^2+w_2^2+\cdots+w_n^2)^{1/2}$。于是 $\boldsymbol{n}\approx\boldsymbol{w}_0/\|\boldsymbol{w}_0\|$ 是平面 π 的单位法矢量，式（4-12）又可写成如下形式：

$$\boldsymbol{n}^{\mathrm{T}}\boldsymbol{x}=-w_{n+1}/\|\boldsymbol{w}_0\| \tag{4-13}$$

设 $\boldsymbol{p}$ 是平面 π 中任意一点，$\boldsymbol{x}$ 是特征空间 X^n 中任意一点，点 $\boldsymbol{x}$ 到平面 π 的距离为差矢量$(\boldsymbol{x}-\boldsymbol{p})$在 $\boldsymbol{n}$ 上的投影的绝对值，即

$$\begin{aligned} d_x &= |\boldsymbol{n}^{\mathrm{T}}(\boldsymbol{x}-\boldsymbol{p})| = |\boldsymbol{n}^{\mathrm{T}}\boldsymbol{x}\boldsymbol{n}^{\mathrm{T}}\boldsymbol{p}| = |(\boldsymbol{w}_0^{\mathrm{T}}\boldsymbol{x})/\|\boldsymbol{w}_0\| - (\boldsymbol{w}_0^{\mathrm{T}}\boldsymbol{p})/\|\boldsymbol{w}_0\|| \\ &= |(\boldsymbol{w}_0^{\mathrm{T}}\boldsymbol{x})/\|\boldsymbol{w}_0\| + \boldsymbol{w}_{n+1}/\|\boldsymbol{w}_0\|| = |\boldsymbol{w}_0^{\mathrm{T}}\boldsymbol{x}+\boldsymbol{w}_{n+1}|/\|\boldsymbol{w}_0\| \end{aligned} \tag{4-14}$$

式（4-14）利用了 $\boldsymbol{p}$ 在平面 π 中，故其满足如下方程：

$$(\boldsymbol{w}_0^{\mathrm{T}}\boldsymbol{p})/\|\boldsymbol{w}_0\| = -w_{n+1}/\|\boldsymbol{w}_0\| \tag{4-15}$$

式（4-14）的分子为判别函数绝对值，此式表明，$d(\boldsymbol{x})$的值正比于 $\boldsymbol{x}$ 到超平面 $d(\boldsymbol{x})=0$ 的距离，一个特征矢量代入判别函数后所得值的绝对值越大，表明该特征点距判别界面越远，如图 4-2 所示。

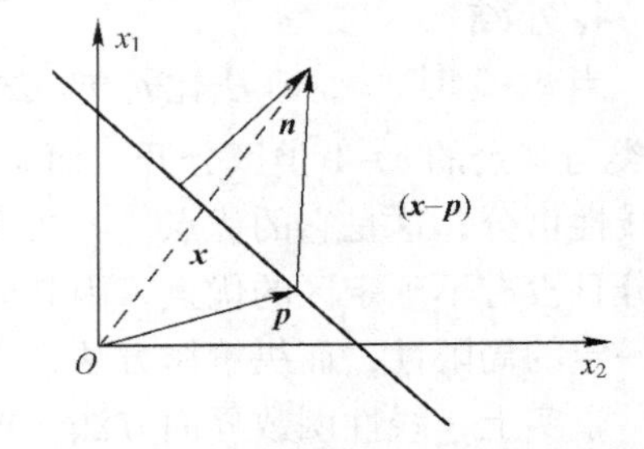

图 4-2　点面距离及界面的正负侧示意图

两矢量 $\boldsymbol{n}$ 和（$\boldsymbol{x}-\boldsymbol{p}$）的数积如下：

$$\boldsymbol{n}^{\mathrm{T}}(\boldsymbol{x}-\boldsymbol{p}) = \|\boldsymbol{n}\|\ \|\boldsymbol{x}-\boldsymbol{p}\|\cos(\boldsymbol{n},(\boldsymbol{x}-\boldsymbol{p})) \tag{4-16}$$

显然，当 $\boldsymbol{n}$ 和（$\boldsymbol{x}-\boldsymbol{p}$）夹角小于 90°时，即 $\boldsymbol{x}$ 在 $\boldsymbol{n}$ 指向的那个半空间中，$\cos(\boldsymbol{n},(\boldsymbol{x}-\boldsymbol{p}))>0$；反之，当 $\boldsymbol{n}$ 和（$\boldsymbol{x}-\boldsymbol{p}$）夹角大于 90°时，即 $\boldsymbol{x}$ 在 $\boldsymbol{n}$ 背向的那个半空间中，$\cos(\boldsymbol{n},(\boldsymbol{x}-\boldsymbol{p}))<0$。由于 $\|\boldsymbol{w}_0\|>0$，故$\boldsymbol{n}^{\mathrm{T}}(\boldsymbol{x}-\boldsymbol{p})$和$\boldsymbol{w}_0^{\mathrm{T}}\boldsymbol{x}+w_{n+1}$同号。所以，当 $\boldsymbol{x}$ 在 $\boldsymbol{n}$ 指向的那个半空间时，$\boldsymbol{w}_0^{\mathrm{T}}\boldsymbol{x}+w_{n+1}>0$；当 $\boldsymbol{x}$ 在 $\boldsymbol{n}$ 背向的那个半空间时，$\boldsymbol{w}_0^{\mathrm{T}}\boldsymbol{x}+w_{n+1}<0$。判别函数值的正负表示特征点位于哪个半空间中，换句话说，表示特征点位于界面的哪一侧。

在聚类分析中，是以待分类模式与类的距离作为分类的基本依据，而判别域界面方程分类，则是以待分类模式在判别界面的哪一侧作为分类的基本依据。

4.3.2　权空间、解矢量与解空间

在判别函数中增广特征矢量与增广权矢量在函数结构上是对称的，判别函数可以写成如下形式：

$$d(\boldsymbol{x}) = \boldsymbol{w}^{\mathrm{T}}\boldsymbol{x} = \boldsymbol{x}^{\mathrm{T}}\boldsymbol{w} = x_1w_1 + x_2w_2 + \cdots + x_nw_n + w_{n+1} \tag{4-17}$$

如果将权系数视为变量，则由其组成的增广权矢量的全体为增广权空间 W^{n+1}，这里 x_1，x_2，…，x_n，1 则应视为相应的 w_i 的“权”。$d(\boldsymbol{x})=\boldsymbol{x}^{\mathrm{T}}\boldsymbol{w}=0$ 是一个过增广权空间原点的超平面，其将增广权空间分为两个半空间，矢量 $\boldsymbol{x}=(x_1,x_2,\cdots,x_n,1)^{\mathrm{T}}$ 是它的法矢量，$\boldsymbol{x}$ 指向平面$\boldsymbol{x}^{\mathrm{T}}\boldsymbol{w}=0$ 的正侧，即该半空间中的任意一点$(w_1,w_2,\cdots,w_{n+1})^{\mathrm{T}}$都使$\boldsymbol{x}^{\mathrm{T}}\boldsymbol{w}>0$，$\boldsymbol{x}$ 背向的半子空间中任意一点 $\boldsymbol{w}$ 都有$\boldsymbol{x}^{\mathrm{T}}\boldsymbol{w}<0$。

对于两类问题，在对待分类模式进行分类之前，应根据已知类别的增广训练模式 x_1，x_2，…，x_N 确定线性判别函数，公式如下：

$$d(\boldsymbol{x}) = \boldsymbol{x}^{\mathrm{T}}\boldsymbol{w}$$

具体地讲，就是确定增广权矢量 $\boldsymbol{w}$，使得当训练模式$\boldsymbol{x}_j\in w_1$ 时有$\boldsymbol{w}^{\mathrm{T}}\boldsymbol{x}_j>0$；当训练模式$\boldsymbol{x}_j\in w_2$ 时有$\boldsymbol{w}^{\mathrm{T}}\boldsymbol{x}_j<0$，这时的 $\boldsymbol{w}$ 称为解矢量，记为$\boldsymbol{w}^*$。有时为表述和处理简洁方便，需要将已知类别的训练模式符号规范化，当 $\boldsymbol{x}$ 属于 w_1 类时，不改变其符号；当 $\boldsymbol{x}$ 属于 w_2 类时，改变其符号。在以后，经常针对符号规范化后的训练模式进行讨论。设增广训练模式 x_1，x_2，…，x_N 均已符号化，如果所建立的判别函数能正确分类训练模式$\boldsymbol{x}_j(j=1,2,\cdots,N)$，

则有

$$\boldsymbol{w}^{\mathrm{T}}\boldsymbol{x}_j>0,\quad j=1,2,\cdots,N \tag{4-18}$$

对于一个训练模式$\boldsymbol{x}_j$，界面 $d(\boldsymbol{x}_j)=\boldsymbol{x}_j^{\mathrm{T}}\boldsymbol{w}=0$ 通过增广权空间原点且将其分成两个半空间，界面 $d(\boldsymbol{x}_j)=0$ 的法矢量$\boldsymbol{x}_j$ 指向正半空间，所谓正半空间是指该半空间中任意一点 $\boldsymbol{w}$ 都使$\boldsymbol{w}^{\mathrm{T}}\boldsymbol{x}_j>0$。显然，解矢量$\boldsymbol{w}^*$必在正半空间中。$N$ 个训练模式将确定 N 个界面，每个界面都把权空间分为两个半空间，N 个正半空间的交空间是以权空间原点为顶点的凸多面锥。易知，满足上面各不等式的 $\boldsymbol{w}$ 必在该锥体中，即锥中每一点都是上面不等式组的解，解矢量不是唯一的，上述的凸多面锥包含了解的全体，称其为解区、解空间或解锥。每一个训练模式都对解区提供一个约束，训练模式越多，解区的限制就越多，很多情况下，解区就越小，就越靠近解区的中心，解矢量$\boldsymbol{w}^*$就越可靠，由它构造的判别函数错分模式的可能性就越小。如图 4-3 所示为由分属 2 类的 4 个训练模式确定解空间的示意图，阴影区域为解空间，图 4-3a 中训练模式未归一化，而图 4-3b 中模式则进行了归一化。

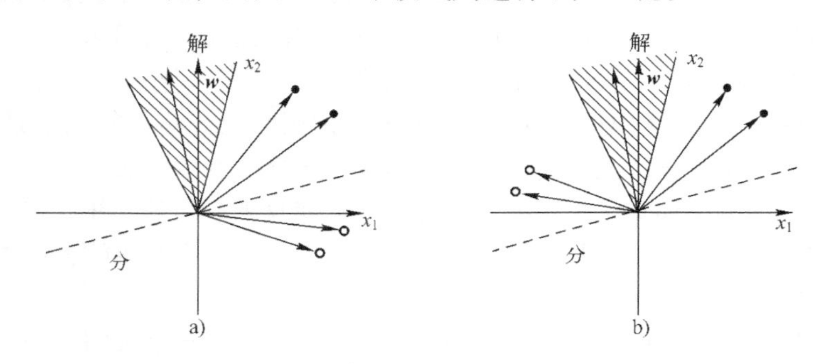

图 4-3　解空间的确定示意图

a）模式未归一化　b）归一化模式求解

为使解矢量更可靠，使解区更小，可采取增加训练模式数以及引入余量 b，使 $\boldsymbol{w}^{\mathrm{T}}\boldsymbol{x}\geqslant b$，从而达到更好的效果。

即由 $\boldsymbol{w}^{\mathrm{T}}\boldsymbol{x}\geqslant b>0$（$j=1, 2, \cdots, N$）所确定的凸多面锥在$\boldsymbol{w}^{\mathrm{T}}\boldsymbol{x}_j>0$（$j=1, 2, \cdots, N$）所确定的多面锥内部，并且它的边界离开原解区边界的距离为 $b/\|\boldsymbol{x}_j\|$ 。

引入余量可有效避免量测的误差、引入的误差以及使某些算法求得的解矢量收敛于解区的边界上，从而提高了解的可靠性。

求解权矢量的最优解$\boldsymbol{w}^*$，实质上是求解不等式方程组或等式方程组。原则上讲，可以运用任何有效的方法，通常运用各种最优化理论和技术求解，常用的计算方法主要有构造一次或二次准则函数运用最优化技术求解、线性规划法等。

4.4　Fisher 线性判别

前面所讨论的分类及设计方法是在已知类条件概率密度 $p(x\mid w_i)$ 的参数表达式和先验概率 $P(w_i)$ 的前提下，利用样本估计 $p(x\mid w_i)$ 的未知参数，再用贝叶斯定理将其转换成后验概率 $P(w_i\mid x)$，并根据后验概率的大小进行分类决策的方法。

在许多实际问题中，由于样本特征空间的类条件概率密度的形式常常很难确定，利用

Parzen 窗等非参数方法估计分布又往往需要大量样本，而且随着特征空间维数的增加所需要的样本数急剧增加。因此在实际问题中，往往不用恢复类条件概率密度，而是利用样本集直接设计分类器。具体说就是，首先给定某个判别函数类，然后利用样本集确定出判别函数中的未知参数。

本节将要介绍的线性判别函数法是一类较为简单的判别函数。它首先假定判别函数 $d(\boldsymbol{x})$ 是 $\boldsymbol{x}$ 的线性函数，即 $d(\boldsymbol{x}) = \boldsymbol{w}^{\mathrm{T}}\boldsymbol{x} + w_0$，对于 n 类问题，可以定义 n 个判别函数，$d(\boldsymbol{x}) = \boldsymbol{w}_i^{\mathrm{T}} + w_{i0}, i = 1, 2, \cdots, n$。我们要用样本去估计各个 $\boldsymbol{w}_i$ 和 w_{i0}，并把未知样本 $\boldsymbol{x}$ 归到具有最大判别函数值的类别中。这里关键的问题是如何利用样本集求得 $\boldsymbol{w}_i$ 和 $\boldsymbol{w}_{i0}$。一个基本的考虑是针对不同的实际情况，提出不同的设计要求，使所设计的分类器尽可能好地满足这些要求。当然，由于所提要求不同，设计结果也将各异，这说明上述“尽可能好”是相对于所提要求而言的。这种设计要求，在数学上往往表现为某个特定的函数形式，称为准则函数。“尽可能好”的结果是相应于准则函数取最优值。这实际上是将分类器设计问题转化为求准则函数极值的问题，这样就可以利用最优化技术解决模式识别问题。

由于线性判别函数易于分析，所以关于这方面的研究特别多。其中，Fisher 方法是 R. A. Fisher 于 1936 年的论文中提出的。Fisher 求判别函数权矢量的算法既适用于线性可分情况，又适用于非线性可分情况，它也是特征提取与选择的有效方法。

在应用统计方法解决模式识别问题时，总是经常涉及维数问题。在低维空间里解析上或计算上行得通的方法，在高维空间里往往行不通。因此，降低维数有时就成为处理实际问题的关键。Fisher 的方法就是解决维数压缩的问题。

我们可以考虑把 d 维空间的样本投射到一条直线上，形成一维空间，即把维数压缩到一维，这在数学上是容易得到的。然而，即使样本在 d 维空间里形成若干紧凑的互相分得开的集群，若把它们投影到一条任意的直线上，也可能使几类样本混在一起而变得无法识别。但在一般情况下，总可以找到某个方向，使得在这个方向的直线上，样本的投影能分开得最好。问题是如何根据实际情况找到这条最适合分类的投影线，这就是 Fisher 法要解决的基本问题。

假设有 N 个 d 维样本$\boldsymbol{x}_1$，$\boldsymbol{x}_2$，…，$\boldsymbol{x}_N$，其中 N_1 个样本属于 w_1 类，N_2 个样本属于 w_2 类，分别记为样本集 X_1 和 X_2。

对$\boldsymbol{x}_n$ 的分量做线性组合可得到如下标量：

$$y_n = \boldsymbol{w}^{\mathrm{T}} \boldsymbol{x}_n, \quad n = 1, 2, \cdots, N_{\mathrm{I}} \tag{4-19}$$

这样便得到 N 个一维样本 y_n 组成的集合，从而将多维转换到了一维，如图 4-4 所示。

1. 在 d 维 X 空间

各类样本均值向量如下：

$$\boldsymbol{m}_i = \frac{1}{N_i}\sum_{\boldsymbol{x} \in X_i} \boldsymbol{x}, \quad i = 1, 2 \tag{4-20}$$

各类类内离散度矩阵 $\boldsymbol{S}_i$ 和总类内离散度矩阵 S_{W} 如下：

$$\boldsymbol{S}_i = \sum_{\boldsymbol{x} \in X_i} (\boldsymbol{x} - \boldsymbol{m}_i)(\boldsymbol{x} - \boldsymbol{m}_i)^{\mathrm{T}}, \quad i = 1, 2 \tag{4-21}$$

$$S_{\mathrm{W}} = S_1 + S_2 \tag{4-22}$$

类间离散度矩阵如下：

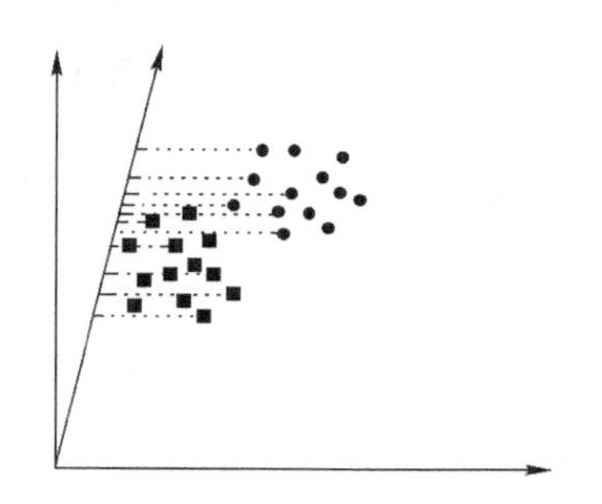

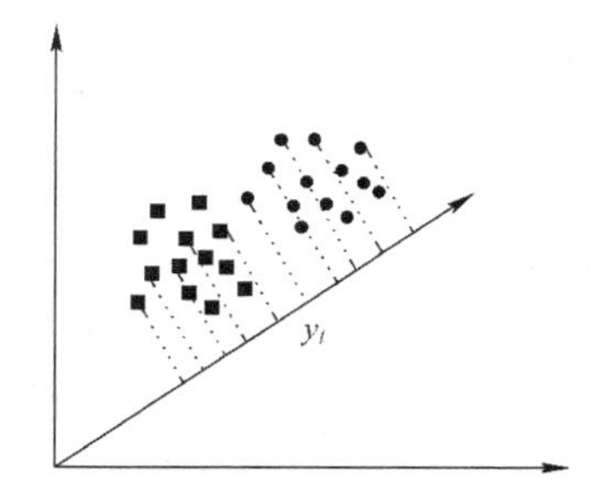

图 4-4　二维模式向一维空间投影示意图

$$\boldsymbol{S}_{\mathrm{B}}=(\boldsymbol{m}_1-\boldsymbol{m}_2)(\boldsymbol{m}_1-\boldsymbol{m}_2)^{\mathrm{T}} \tag{4-23}$$

其中，$\boldsymbol{S}_{\mathrm{W}}$ 和 $\boldsymbol{S}_{\mathrm{B}}$ 都是对称的半正定矩阵。$\boldsymbol{S}_{\mathrm{B}}$ 在两类条件下，它的秩最大且等于 1。

2. 在一维 Y 空间

各类样本均值如下：

$$\tilde{m}_i=\sum_{y\in Y_i} y/N_i,\quad i=1,2 \tag{4-24}$$

样本类内离散度 $\tilde{S}_i^2$ 和总类内离散度 $\tilde{S}_{\mathrm{W}}$ 如下：

$$\tilde{S}_i^2=\sum_{y\in Y_i}(y-\tilde{m}_i)^2,\quad i=1,2 \tag{4-25}$$

$$\tilde{S}_{\mathrm{W}}=\tilde{S}_1^2+\tilde{S}_2^2 \tag{4-26}$$

类间离散度 $\tilde{S}_{\mathrm{B}}^2$ 如下：

$$\tilde{S}_{\mathrm{B}}^2=(\tilde{m}_1-\tilde{m}_2)^2 \tag{4-27}$$

那么 Fisher 准则函数为：希望投影后，各类样本尽可能分开些，类间离散度 $\tilde{S}_{\mathrm{B}}^2$ 越大越好，同时希望各类样本内部尽可能密集，即希望类内离散度越小越好，即总类内离散度 $\tilde{S}_{\mathrm{W}}$ 越小越好。根据这个目标选取准则函数如下：

$$\boldsymbol{J}_{\mathrm{F}}(\boldsymbol{w})=(\tilde{m}_1-\tilde{m}_2^2)/(\tilde{S}_1^2+\tilde{S}_2^2) \tag{4-28}$$

并使其最大。式（4-28）称为 Fisher 准则函数。

但是 $\boldsymbol{J}_{\mathrm{F}}$ 并不显含 $\boldsymbol{w}$，下面设法将$\boldsymbol{J}_{\mathrm{F}}(\boldsymbol{w})$变为 $\boldsymbol{w}$ 的显函数：

$$\tilde{m}_i=\sum_{y\in Y_i} y/N_i=\sum_{x\in X_i}\boldsymbol{w}^{\mathrm{T}}\boldsymbol{x}/N_i=\boldsymbol{w}^{\mathrm{T}}\sum_{x\in X_i}\boldsymbol{x}/N_i=\boldsymbol{w}^{\mathrm{T}}\tilde{m}_i \tag{4-29}$$

则

$$\tilde{S}_{\mathrm{B}}^2=(\tilde{m}_1-\tilde{m}_2)^2=(\boldsymbol{w}^{\mathrm{T}}\boldsymbol{m}_1-\boldsymbol{w}^{\mathrm{T}}\boldsymbol{m}_2)^2=\boldsymbol{w}^{\mathrm{T}}(\boldsymbol{m}_1-\boldsymbol{m}_2)(\boldsymbol{m}_1-\boldsymbol{m}_2)^{\mathrm{T}}\boldsymbol{w}=\boldsymbol{w}^{\mathrm{T}}S_{\mathrm{B}}\boldsymbol{w} \tag{4-30}$$

$$\tilde{S}_i^2=\sum_{y\in Y_i}(y-\boldsymbol{m}_i)^2=\sum_{\boldsymbol{x}\in X_i}(\boldsymbol{w}^{\mathrm{T}}\boldsymbol{x}-\boldsymbol{w}^{\mathrm{T}}\boldsymbol{m}_i)^2=\boldsymbol{w}^{\mathrm{T}}\Big(\sum_{\boldsymbol{x}\in X_i}(\boldsymbol{x}-\boldsymbol{m}_i)(\boldsymbol{x}-\boldsymbol{m}_i)^{\mathrm{T}}\Big)\boldsymbol{w}=\boldsymbol{w}^{\mathrm{T}}\mathrm{S}_i\boldsymbol{w}$$

因此

$$\tilde{S}_1^2+\tilde{S}_2^2=\boldsymbol{w}^{\mathrm{T}}(\boldsymbol{S}_1+\boldsymbol{S}_2)\boldsymbol{w}=\boldsymbol{w}^{\mathrm{T}}\boldsymbol{S}_{\mathrm{W}}\boldsymbol{w} \tag{4-31}$$

最后可得：

$$\boldsymbol{J}_{\mathrm{F}}(\boldsymbol{w})=(\boldsymbol{w}^{\mathrm{T}}\boldsymbol{S}_{\mathrm{B}}\boldsymbol{w})/(\boldsymbol{w}^{\mathrm{T}}\boldsymbol{S}_{\mathrm{W}}\boldsymbol{w}) \tag{4-32}$$

下面求使$\boldsymbol{J}_{\mathrm{F}}(\boldsymbol{w})$取极大值时的$\boldsymbol{w}_0$，可采用拉格朗日乘子法求解，令式（4-32）分母等于非零常数，即

$$\boldsymbol{w}^{\mathrm{T}}\boldsymbol{S}_{\mathrm{W}}\boldsymbol{w}=c\neq 0$$

定义拉格朗日函数为

$$L(\boldsymbol{w},\lambda)=\boldsymbol{w}^{\mathrm{T}}\boldsymbol{S}_{\mathrm{B}}\boldsymbol{w}-\lambda(\boldsymbol{w}^{\mathrm{T}}S_{\mathrm{W}}\boldsymbol{w}-c) \tag{4-33}$$

式中，λ 为拉格朗日乘子。将式（4-33）对 $\boldsymbol{w}$ 求偏导数，得

$$\partial L(\boldsymbol{w},\lambda)/\partial \boldsymbol{w}=\boldsymbol{S}_{\mathrm{B}}\boldsymbol{w}-\lambda S_{\mathrm{W}}\boldsymbol{w}$$

令偏导数为零，得

$$\boldsymbol{S}_{\mathrm{B}}\boldsymbol{w}_0-\lambda\boldsymbol{S}_{\mathrm{W}}\boldsymbol{w}_0=0$$

即

$$\boldsymbol{S}_{\mathrm{B}}\boldsymbol{w}_0=\lambda\boldsymbol{S}_{\mathrm{W}}\boldsymbol{w}_0 \tag{4-34}$$

其中，$\boldsymbol{w}_0$ 就是 $\boldsymbol{J}_{\mathrm{F}}(\boldsymbol{w})$的极值解。因为 $\boldsymbol{S}_{\mathrm{W}}$ 非奇异，式（4-34）两边左乘 $\boldsymbol{S}_{\mathrm{W}}^{-1}$，可得

$$\boldsymbol{S}_{\mathrm{W}}^{-1}\boldsymbol{S}_{\mathrm{B}}\boldsymbol{w}_0=\lambda\boldsymbol{w}_0 \tag{4-35}$$

式（4-35）表明，$\boldsymbol{w}^*$是矩阵$\boldsymbol{S}_{\mathrm{W}}^{-1}\boldsymbol{S}_{\mathrm{B}}$ 相应于特征值λ 的特征矢量。对于两类问题，$\boldsymbol{S}_{\mathrm{B}}$ 的秩为 1，因此，$\boldsymbol{S}_{\mathrm{W}}^{-1}\boldsymbol{S}_{\mathrm{B}}$ 只有一个非零特征值，其所对应的特征矢量$\boldsymbol{w}_0$ 称为 Fisher 最佳鉴别矢量，由式（4-23）和式（4-35）可得

$$\lambda\boldsymbol{w}_0=\boldsymbol{S}_{\mathrm{W}}^{-1}\boldsymbol{S}_{\mathrm{B}}\boldsymbol{w}_0=\boldsymbol{S}_{\mathrm{W}}^{-1}(\boldsymbol{m}_1-\boldsymbol{m}_2)(\boldsymbol{m}_1-\boldsymbol{m}_2)^{\mathrm{T}}\boldsymbol{w}_0$$

由于上式中$(\boldsymbol{m}_1-\boldsymbol{m}_2)^{\mathrm{T}}\boldsymbol{w}_0$ 为一标量，因此令 $\alpha=(\boldsymbol{m}_1-\boldsymbol{m}_2)^{\mathrm{T}}\boldsymbol{w}_0$，于是可得

$$\boldsymbol{w}_0=\alpha\boldsymbol{S}_{\mathrm{W}}^{-1}(\boldsymbol{m}_1-\boldsymbol{m}_2)/\lambda \tag{4-36}$$

式中，$\frac{\alpha}{\lambda}$为一标量因子，不改变轴的方向，取该标量因子为 1，于是有

$$\boldsymbol{w}_0=\boldsymbol{S}_{\mathrm{W}}^{-1}(\boldsymbol{m}_1-\boldsymbol{m}_2) \tag{4-37}$$

此时的$\boldsymbol{w}^*$可使 Fisher 准则函数取最大值，也就是 d 维 X 空间到一维 Y 空间的最佳投影方向。由$\boldsymbol{w}_0=\boldsymbol{S}_{\mathrm{W}}^{-1}(\boldsymbol{m}_1-\boldsymbol{m}_2)$和 $\boldsymbol{S}_{\mathrm{B}}=(\boldsymbol{m}_1-\boldsymbol{m}_2)(\boldsymbol{m}_1-\boldsymbol{m}_2)^{\mathrm{T}}$ 可得$\boldsymbol{J}_{\mathrm{F}}(\boldsymbol{w})$的最大值为

$$\begin{aligned}\boldsymbol{J}_{\mathrm{F}}(\boldsymbol{w})&=(\boldsymbol{w}_0^{\mathrm{T}}\boldsymbol{S}_{\mathrm{B}}\boldsymbol{w})/(\boldsymbol{w}_0^{\mathrm{T}}\boldsymbol{S}_{\mathrm{W}}\boldsymbol{w})\\&=(\boldsymbol{m}_1-\boldsymbol{m}_2)^{\mathrm{T}}\boldsymbol{S}_{\mathrm{W}}^{-1}(\boldsymbol{m}_1-\boldsymbol{m}_2)(\boldsymbol{m}_1-\boldsymbol{m}_2)^{\mathrm{T}}\boldsymbol{S}_{\mathrm{W}}^{-1}(\boldsymbol{m}_1-\boldsymbol{m}_2)/[(\boldsymbol{m}_1-\boldsymbol{m}_2)^{\mathrm{T}}\boldsymbol{S}_{\mathrm{W}}^{-1}\boldsymbol{S}_{\mathrm{W}}\boldsymbol{S}_{\mathrm{W}}^{-1}(\boldsymbol{m}_1-\boldsymbol{m}_2)]\\&=(\boldsymbol{m}_1-\boldsymbol{m}_2)^{\mathrm{T}}\boldsymbol{S}_{\mathrm{W}}^{-1}(\boldsymbol{m}_1-\boldsymbol{m}_2)\end{aligned}$$

即

$$\boldsymbol{J}_{\mathrm{F}}(\boldsymbol{w})=(\boldsymbol{m}_1-\boldsymbol{m}_2)^{\mathrm{T}}\boldsymbol{S}_{\mathrm{W}}^{-1}(\boldsymbol{m}_1-\boldsymbol{m}_2) \tag{4-38}$$

称

$$y=(\boldsymbol{m}_1-\boldsymbol{m}_2)^{\mathrm{T}}\boldsymbol{S}_{\mathrm{W}}^{-1}\boldsymbol{x} \tag{4-39}$$

为 Fisher 变换函数。

至此，解决了将 d 维空间的样本集 X 转变为一维样本集 Y，并且找到了 d 维 X 空间到一维 Y 空间的最佳投影方向$\boldsymbol{w}^*$。但是对于分类的问题还没有解决。下面将简单介绍几种一维分类问题的基本原则。

由于变换后的模式是一维的，因此判别界面实际上是各类样本所在轴上的一个点，即确定一个阈值 y_{t}。于是 Fisher 判别规则为

$$\boldsymbol{w}_0^{\mathrm{T}}\boldsymbol{x}=y\ \begin{matrix}>\\<\end{matrix}\ y_{\mathrm{t}}\Rightarrow\boldsymbol{x}\in\begin{cases}w_1\\w_2\end{cases} \tag{4-40}$$

可取两类类心在方向上轴的投影连线的中点作为阈值，即

$$y_t = (\tilde{m}_1 + \tilde{m}_2)/2 \tag{4-41}$$

容易得出

$$y_t = (\boldsymbol{w}_0^T\boldsymbol{m}_1 + \boldsymbol{w}_0^T\boldsymbol{m}_2)/2 = \boldsymbol{w}_0^T(\boldsymbol{m}_1 + \boldsymbol{m}_2)/2 = \boldsymbol{w}_0^T\boldsymbol{m} = (\boldsymbol{m}_1 - \boldsymbol{m}_2^T)\boldsymbol{S}_W^{-1}(\boldsymbol{m}_1 + \boldsymbol{m}_2)/2 \tag{4-42}$$

显然，这里 $\boldsymbol{m}$ 是 $\boldsymbol{m}_1$ 和 $\boldsymbol{m}_2$ 连线的中点。

当考虑类的先验概率时，$\boldsymbol{S}_W$、$\boldsymbol{S}_B$ 应取下面的定义：

$$\boldsymbol{S}_W = P(w_1)\boldsymbol{S}_{W_1} + P(w_2)\boldsymbol{S}_{W_2}$$

$$\boldsymbol{S}_B = P(w_1)P(w_2)(\boldsymbol{m}_1 - \boldsymbol{m}_2)(\boldsymbol{m}_1 - \boldsymbol{m}_2)^T$$

$P(w_1)$、$P(w_2)$可由各类样本的频率估计，即

$$P(w_1) = N_1/N, \quad P(w_2) = N_2/N$$

这种情况下，可以取类的频率为权值的两类中心的加权算术平均作为阈值，即

$$y_t = (N_1\ \tilde{m}_1 + N_2\ \tilde{m}_2)/(N_1 + N_2) = \tilde{m}$$

易得

$$y_t = (N_1\boldsymbol{w}_0^T\boldsymbol{m}_1 + N_2\boldsymbol{w}_0^T\boldsymbol{m}_2)/(N_1 + N_2) = \boldsymbol{w}_0^T(\mathrm{N}_1\boldsymbol{m}_1 + N_2\boldsymbol{m}_2)/(N_1 + N_2) = \boldsymbol{w}_0^T\boldsymbol{m} \tag{4-43}$$

这里的 $\boldsymbol{m}$ 是 $\boldsymbol{m}_1$ 和 $\boldsymbol{m}_2$ 连线上以频率为比例的内分点。

为了反映类概率的影响和作用，一维轴上的阈值也可以取为

$$y_t = (N_1\ \tilde{m}_1 + N_2\ \tilde{m}_2)/N_1 + N_2 \tag{4-44}$$

利用贝叶斯判决中关于两类均为正态分布且协方差相同条件下的判决函数，阈值也可以取为

$$y_t = (\boldsymbol{m}_1 - \boldsymbol{m}_2)^T\boldsymbol{S}_W^{-1}(\boldsymbol{m}_1 + \boldsymbol{m}_2)/2 + \lg(P(w_2)/P(w_1)) \tag{4-45}$$

Fisher 方法实现步骤如下：

1）把来自两类 w_1/w_2 的训练样本集 X 分成与 w_1 对应的子集 X_1 和与 w_2 对应的子集 X_2。

2）由 $\boldsymbol{m}_i = \sum_{\boldsymbol{x} \in X_i} \boldsymbol{x}/N_i (i = 1,2)$，计算 $\boldsymbol{m}_i$。由 $\boldsymbol{S}_i = \sum_{\boldsymbol{x} \in X_i} (\boldsymbol{x} - \boldsymbol{m}_i)(\boldsymbol{x} - \boldsymbol{m}_i)^T (i = 1,2)$，计算各类的类内离散度矩阵 $\boldsymbol{S}_1$、$\boldsymbol{S}_2$。

3）计算类内总离散度矩阵 $\boldsymbol{S}_W = \boldsymbol{S}_1 + \boldsymbol{S}_2$。

4）计算 $\boldsymbol{S}_W$ 的逆矩阵 $\boldsymbol{S}_W^{-1}$。

5）按$\boldsymbol{w}_0 = \boldsymbol{S}_W^{-1}(\boldsymbol{m}_1 - \boldsymbol{m}_2)$求解$\boldsymbol{w}_0$。

6）计算 $\tilde{m}_i$，公式如下：

$$\tilde{m}_i = \sum_{y \in Y_i} y/N_i = \sum_{\boldsymbol{x} \in X_i} \boldsymbol{w}^T\boldsymbol{x}/N_i = \boldsymbol{w}^T\boldsymbol{m}_i$$

7）计算 y_t，公式如下：

$$y_t = (\tilde{m}_1 + \tilde{m}_2)/2$$

8）对未知模式 $\boldsymbol{x}$ 判定模式类，公式如下：

$$\boldsymbol{w}_0^T\boldsymbol{x} = y \begin{matrix} > \\ < \end{matrix} y_t \Rightarrow \boldsymbol{x} \in \begin{cases} w_1 \\ w_2 \end{cases}$$

【例 4-1】本程序为纸币 100 元 A 面与 50 元 A 面的 Fisher 判别门限的程序，通过全局变量 dat 自动从样本数据中将内容读入 dat[10][4][8][8][60]，dat 为一个五维数组，第一维代表 10 个样本，第二维代表人民币的币种，第三维代表旧版人民币的四个传感器数据和新

版人民币的四个传感器的数据，第四维代表八个传感器，第五维代表 60 次采样，程序将记录 100 元 A 面与 50 元 A 面各自的均值矢量、类内离差矩阵、类内离差总矩阵、投影特征向量和判别阈值。

解：具体的 C ++ 代码如下所示：

```
double sw[32][8][8]; 类内离差矩阵
double mj[32][8]; 模式均值矢量
double sww[8][8]; 类间离差矩阵
// fisher. cpp : Defines the entry point for the console application.
//
// rmbdis. cpp : Defines the entry point for the console application.
//
#include "stdafx. h"
#include "math. h"
#include "conio. h"
#include <fstream>
#include <iomanip>
using namespace std;
#define PNUM 60
unsigned char dat[10][4][8][8][60] = {
    //0 -- 样本 1,1 -- 样本 1,…,8 -- 样本 9,9 -- 样本 10
    //0 -- 100,1 -- 50,2 -- 20,3- -10
    //0 -- A 向,1 -- B 向,2 -- C 向,3- -D 向,4- -新版 A 向,5 -- 新版 B 向,6 -- 新版 C 向,7 -- 新版 D 向
    //0 -- 传感 1,1 -- 传感 2,2 -- 传感 3,3- -传感 4,4- -传感 5,5 -- 传感 6,6 -- 传感 7,7 -- 传感 8
    //
    {
#include "..\\样本\\rmb00. txt"
    },
    {
#include "..\\样本\\rmb01. txt"
    },
    {
#include "..\\样本\\rmb02. txt"
    },
    {
#include "..\\样本\\rmb03. txt"
    },
    {
#include "..\\样本\\rmb04. txt"
    },
    {
#include "..\\样本\\rmb05. txt"
```

```
    },
    {
#include "..\\样本\\rmb06.txt"
    },
    {
#include "..\\样本\\rmb07.txt"
    },
    {
#include "..\\样本\\rmb08.txt"
    },
    {
#include "..\\样本\\rmb09.txt"
    }
};

#define NUM 8

double Eucliden(double x[],double y[],int n)
{
    double d;
    d=0.0;
    for (int i=0;i<n;i++) {
        d+=(x[i]-y[i])*(x[i]-y[i]);
    }
    d=sqrt(d);
    return d;
}

double Manhattan(double x[],double y[],int n)
{
    double d;
    d=0.0;
    for (int i=0;i<n;i++) {
        d+=fabs(x[i]-y[i]);
    }
    return d;
}

double Chebyshev(double x[],double y[],int n)
{
    double d;
    d=0.0;
    for (int i=0;i<n;i++) {
        if(fabs(x[i]-y[i])>d) d=fabs(x[i]-y[i]);
```

```
    }
    return d;
}

double Minkowski(double x[ ],double y[ ],int n,int m)
{
    double d;
    d = 0.0;
    for (int i = 0;i < n;i ++ ) {
        d += (double)powf((float)(x[i] - y[i]),(float)m);
    }
    d = (double)powf((float)d,1.0f/m);
    return d;
}

double Mahalanobis(double x[ ],double y[ ],double matv1[8][8])
{
    double dx,dy;
    int i,j;

    dx = 0.0;
    for (i = 0;i < 8;i ++ ) {
        dy = 0.0;
        for (j = 0;j < 8;j ++ ) {
            dy += matv1[i][j] * (x[j] - y[j]);
        }
        dx += dy * (x[i] - y[i]);
    }
    return dx;
}

void GetMatV(double V[8][8],int k)
{
    int i,j,m,n1,n2,n3;
    double xm[8],d,x,y;

    m = 4 * 8 * PNUM;

    for (i = 0;i < 8;i ++ ) {
        d = 0;
        for (n1 = 0;n1 < 4;n1 ++ ) {
            for (n2 = 0;n2 < 8;n2 ++ ) {
                for (n3 = 0;n3 < PNUM;n3 ++ ) {
                    d += (double)dat[k][n1][n2][i][n3];
                }
```

```
            }
        }
        d/ = m;
        xm[i] = d;
    }
    for (i =0;i <8;i ++) {
        for (j =0;j <8;j ++) {
            d =0;
            for (n1 =0;n1 <4;n1 ++) {
                for (n2 =0;n2 <8;n2 ++) {
                    for (n3 =0;n3 < PNUM;n3 ++) {
                        x = (double)dat[k][n1][n2][i][n3] - xm[i];
                        y = (double)dat[k][n1][n2][j][n3] - xm[j];
                        d += x * y;
                    }
                }
            }
            d/ = m - 1.0;
            V[i][j] = d;
        }
    }
}

void Gauss_Jordan(double matv[8][8],double matv1[8][8])
{
    int n =8;
    double mat[8][16],d;
    int i,j,l,k;
    for (i =0;i < n;i ++) {
        for (j =0;j <2 * n;j ++) {
            if (j < n)
                mat[i][j] = matv[i][j];
            else
                mat[i][j] =0.0;
        }
    }
    for (i =0;i < n;i ++) mat[i][n + i] =1.0;
    for (k =0;k < n;k ++) {
        d = fabs(mat[k][k]);
        j = k;
        for (i = k + 1;i < n;i ++) {                //选主元
            if (fabs(mat[i][k]) > d) {
                d = fabs(mat[i][k]);
```

```
                j = i;
            }
        }
        if (j! = k) {                              //交换
            for (l = 0;l < 2 * n;l ++ ) {
                d = mat[j][l];
                mat[j][l] = mat[k][l];
                mat[k][l] = d;
            }
        }
        for (j = k + 1;j < 2 * n;j ++ ) {
            mat[k][j]/ = mat[k][k];
        }
        for (i = 0;i < n;i ++ ) {
            if (i == k) continue;
            for (j = k + 1;j < 2 * n;j ++ ) {
                mat[i][j] -= mat[i][k] * mat[k][j];
            }
        }
    }
    for (i = 0;i < n;i ++ ) {
        for (j = 0;j < n;j ++ ) {
            matv1[i][j] = mat[i][j + n];
        }
    }
}

void getswj(double mats[8][8],double mj[8],unsigned char data[8][60])
{
    int i,j,k;

    for (i = 0;i < 8;i ++ ) {
        mj[i] = 0.0;
        for (k = 0;k < PNUM;k ++ ) {
            mj[i] += (double)data[i][k];
        }
        mj[i]/ = 60.0;
    }
    for (i = 0;i < 8;i ++ ) {
        for (j = 0;j < 8;j ++ ) {
            mats[i][j] = 0;
            for (k = 0;k < PNUM;k ++ ) {
                mats[i][j] += (data[i][k] - mj[i]) * (data[j][k] - mj[j]);
            }
```

```
                mats[i][j]/=59.0;
            }
        }
}

void get4sw(double mats[8][8],double mj[8],unsigned char data[8][8][60])
{
    int i,j,k,m;

    for (i=0;i<NUM;i++) {
        mj[i]=0.0;
        for (j=0;j<8;j++) {
            for (k=0;k<PNUM;k++) {
                mj[i] += (double)data[j][i][k];
            }
        }
        mj[i]/=8.0*PNUM;
    }
    for (i=0;i<NUM;i++) {
        for (j=0;j<NUM;j++) {
            mats[i][j]=0;
            for (m=0;m<8;m++) {
                for (k=0;k<PNUM;k++) {
                    mats[i][j] += (data[m][i][k] - mj[i]) * (data[m][j][k] - mj[j]);
                }
            }
            mats[i][j]/=8*PNUM-1;
        }
    }
}

void getsb(double sb[8][8],double mj[32][8],unsigned char data[4][8][8][60])
{
    int i,j,k;
    double m[8];

    for (i=0;i<8;i++) {
        m[i]=0;
        for (j=0;j<32;j++) {
            for (k=0;k<60;k++) {
                m[i] += data[j/8][j%8][i][k];
            }
        }
        m[i]/=60.0*32.0;
```

```
        }
        for (i = 0; i < 8; i ++) {
            for (j = 0; j < 8; j ++) {
                sb[i][j] = 0;
                for (k = 0; k < 32; k ++) {
                    sb[i][j] += (mj[k][i] - m[i]) * (mj[k][j] - m[j]);
                }
                sb[i][j] /= 32;
            }
        }
}

void getsw(double swj[32][8][8], double sw[8][8])
{
        int i, j, k;

        for (i = 0; i < 8; i ++) {
            for (j = 0; j < 8; j ++) {
                sw[i][j] = 0;
                for (k = 0; k < 32; k ++) {
                    sw[i][j] += swj[k][i][j];
                }
                sw[i][j] /= 32.0;
            }
        }
}

void MatMul(double mata[8][8], double matb[8][8], double matc[8][8])
{
        int i, j, k;

        for (i = 0; i < NUM; i ++) {
            for (j = 0; j < NUM; j ++) {
                matc[i][j] = 0;
                for (k = 0; k < NUM; k ++) {
                    matc[i][j] += mata[i][k] * matb[k][j];
                }
            }
        }
}

void MatAdd(double mata[8][8], double matb[8][8], double matc[8][8])
{
        int i, j;
```

```
    for (i =0;i < NUM;i ++ ) {
        for (j =0;j < NUM;j ++ ) {
            matc[i][j] = mata[i][j] + matb[i][j];
        }
    }
}
void MatDec(double mata[8][8],double matb[8][8],double matc[8][8])
{
    int i,j;

    for (i =0;i < NUM;i ++ ) {
        for (j =0;j < NUM;j ++ ) {
            matc[i][j] = mata[i][j] - matb[i][j];
        }
    }
}

void getst(double sw[8][8],double sb[8][8],double st[8][8])
{
    MatAdd(sw,sb,st);
}

double MatTrace(double mat[8][8])
{
    int i;
    double d =0.0;

    for(i =0;i < NUM;i ++ ) {
        d += mat[i][i];
    }
    return d;
}

void OutSw(ofstream outfile,double sw[NUM][NUM])
{
    int i,j;
    for (i =0;i < NUM;i ++ ) {
        for (j =0;j < NUM;j ++ ) {
            outfile << setprecision(5) << sw[i][j];
            if (j < NUM -1) outfile << ",";
            else outfile << endl;
        }
    }
}
```

```
double MulVector(double x[NUM],double y[NUM])
{
    int i;
    double d;

    d=0.0;
    for (i=0;i<NUM;i++) {
        d+=x[i] * y[i];
    }
    return d;
}

int main(int argc, char * argv[])
{
    double sw[32][8][8];
    double mj[32][8];
    double sww[8][8];
    double sww1[8][8];
    int i,j;

/*  get4sw(sw[0],mj[0],dat[0][0]);
    get4sw(sw[8],mj[8],dat[0][1]);
    get4sw(sw[16],mj[16],dat[0][2]);
    get4sw(sw[24],mj[24],dat[0][3]); */
    char name[20] = "sw100aa.h";
    for (i=0;i<32;i++) {
        getswj(sw[i],mj[i],dat[0][i/8][i%8]);
    }

    MatAdd(sw[0],sw[8],sww);
    Gauss_Jordan(sww,sww1);
    ofstream outfile;
    outfile.open("sw100ab.h");
    outfile << "//100A m1: \n";
    for (i=0;i<NUM;i++) {
        outfile << setw(5) << setprecision(3) << mj[0][i] << ",";
    }
    outfile << endl;

    outfile << "//50A m2: \n";
    for (i=0;i<NUM;i++) {
        outfile << setw(5) << setprecision(3) << mj[8][i] << ",";
    }
    outfile << endl;
```

```
outfile << "//100A SW1: \n";
for (i =0;i < NUM;i ++ ) {
    for (j =0;j < NUM;j ++ ) {
        outfile << setw(5) << setprecision(3) << sw[0][i][j];
        if (j < NUM - 1) outfile << ",";
        else outfile << endl;
    }
}
outfile << "//50A SW2: \n";
for (i =0;i < NUM;i ++ ) {
    for (j =0;j < NUM;j ++ ) {
        outfile << setw(5) << setprecision(3) << sw[8][i][j];
        if (j < NUM - 1) outfile << ",";
        else outfile << endl;
    }
}
outfile << "//SW = SW1 + SW2: \n";
for (i =0;i < NUM;i ++ ) {
    for (j =0;j < NUM;j ++ ) {
        outfile << setw(5) << setprecision(3) << sww[i][j];
        if (j < NUM - 1) outfile << ",";
        else outfile << endl;
    }
}
outfile << "//SW - 1: \n";
for (i =0;i < NUM;i ++ ) {
    for (j =0;j < NUM;j ++ ) {
        outfile << setw(5) << setprecision(3) << sww1[i][j];
        if (j < NUM - 1) outfile << ",";
        else outfile << endl;
    }
}
double d,u[NUM];
for (i =0;i < NUM;i ++ ) {
    d =0.0;
    for (j =0;j < NUM;j ++ ) {
        d += sww1[i][j] * (mj[0][j] - mj[8][j]);
    }
    u[i] =d;
}
outfile << "//u = sw - 1(m1 - m2): \n";
for (i =0;i < NUM;i ++ ) {
    outfile << setw(5) << setprecision(3) << u[i] << ",";
```

```
    }
    outfile << endl;
    d = MulVector(u,mj[0]);
    outfile << "u * m1 = " << d << endl;
    double d2;
    d2 = MulVector(u,mj[8]);
    outfile << "u * m2 = " << d2 << endl;
    d = (d + d2)/2.0;
    outfile << "yt = " << d << endl;
    double pt[NUM];
    outfile << "100AResult:\n";
    for (i = 0;i < PNUM;i ++ ) {
        for (j = 0;j < NUM;j ++ ) {
            pt[j] = (double)dat[0][0][0][j][i];
        }
        d = MulVector(u,pt);
        outfile << setw(5) << setprecision(3) << d;
        if ((i + 1)%8 == 0) outfile << endl;
        else outfile << ",";
    }
    outfile << endl;
    outfile << "50AResult:\n";
    for (i = 0;i < PNUM;i ++ ) {
        for (j = 0;j < NUM;j ++ ) {
            pt[j] = dat[0][1][0][j][i];
        }
        d = MulVector(u,pt);
        outfile << setw(5) << setprecision(3) << d;
        if ((i + 1)%8 == 0) outfile << endl;
        else outfile << ",";
    }
    outfile << endl;
    outfile.close();
    return 0;
}
```

4.5 本章小结

本章介绍了判别域界面方程分类的概念，线性判别函数，判别函数数值的大小、正负的数学意义，权空间、解矢量、解空间的关系以及经典的 Fisher 线性判别。Fisher 线性判别将多维空间问题转换到一维空间，降低了计算难度，更利于算法设计。

习题

1. 多类问题处理方法有哪些？
2. 线性判别函数的正负和数值大小的几何意义是什么？
3. Fisher 线性判别函数的求解过程是将 N 维特征矢量投影在几维空间中进行？
4. 写出 Fisher 方法的实现步骤。
5. 为什么要使用 Fisher 方法？

第5章　近　邻　法

模式识别的基本方法有两大类：一类是将特征空间划分成决策域，这就要确定判别函数或确定分界面方程；另一种方法称为模板匹配，即将待分类样本与标准模板进行比较，看与哪个模板匹配度更好些，从而确定待测试样本的分类。

本章将要讨论的方法可以说都是将特征空间划分为决策域，并用判别函数或决策面方程表示决策域的方法。近邻法则在原理上属于模板匹配。它将训练样本集中的每个样本都作为模板，用测试样本与每个模板作比较，看与哪个模板最相似（即为近邻），就按最近似的模板的类别作为自己的类别。

近邻法最初是由 Cover 和 Hart 于 1968 年提出的，随后在理论上得到深入的分析与研究，是非参数法中最重要的方法之一。本章首先介绍一般的近邻法，包括最近邻法、K－近邻法、剪辑近邻法，然后从理论上深入地分析各种近邻法的性能。

5.1　最近邻法

最近邻法的基本思想：以全部训练样本作为“代表点”，计算测试样本与这些“代表点”，即所有样本的距离，并以最近邻者的类别作为决策。将与测试样本最近邻样本的类别作为决策的方法称为最近邻法。

5.1.1　最近邻决策规则

这里首先给出近邻法的结构图，如图 5-1 所示。

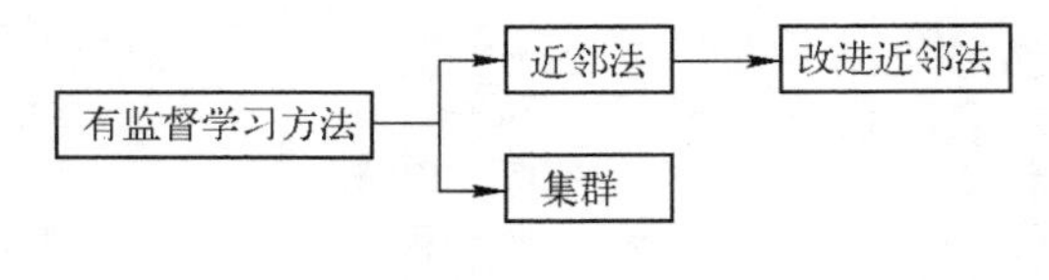

图 5-1　近邻法的结构图

对于有 c 个类别（w_1，w_2，…，w_c）的模式识别问题，每类有 $N_i(i=1,2,\cdots,c)$ 个样本，则第 i 类 w_i 的判别函数为

$$\varphi_i(\boldsymbol{x}) = \min_k \| \boldsymbol{x} - \boldsymbol{x}_i^k \|, k=1,2,\cdots,N_i \tag{5-1}$$

其中，$\boldsymbol{x}_i^k$ 的角标 i 表示 w_i 类，k 表示 w_i 类 N_i 个样本中的第 k 个样本；$\|\cdot\|$ 表示距离，这只是一个象征性的表示，可以采用任何一种相似性度量，例如，欧氏距离、曼哈顿距离、明考斯基距离等。本章以欧氏距离为相似性度量。由于特征向量的各个分量之间对应的物理意义很可能不同，因此在实际问题中，要根据实际情况选择合适的相似性度量。

根据式（5-1），决策规则可以写为：如果

$$\varphi_i(\boldsymbol{x}) = \min_i \varphi_i(\boldsymbol{x}), \quad i=1,2,\cdots,c \tag{5-2}$$

那么决策 $\boldsymbol{x} \in w_j$，称这一决策方法为最近邻法。

由于上述方法只根据离待识别模式最近的一个样本的类别而决定其类别，通常称为 1 - NN 方法。由此可见，最近邻法在原理和实现方法上都很简单，只需要对所有 $N = \sum_{i=1}^{c} N_i$ 样本进行 N 次距离运算，然后以最小距离确定的类别作决策。同时，最近邻法存在计算量大、存储量大等明显缺陷。

下面将详细讨论最近邻法的错误率问题。

5.1.2 最近邻法的错误率分析

最近邻法的思想很直观，本小节则要通过对错误率公式的推导从理论上证明这种很直观的方法在训练样本数 N 很大时，其性能比其他方法要好很多。首先，要说明的是当训练样本数很大时，即 $N \to \infty$ 时，X 的最近邻 X'_N 将和 X 点相当接近。或者说当 $N \to \infty$ 时，$p(x'_N \mid x) \to \delta(x'_N - x)$，即 $N \to \infty$ 时 X 的最近邻的密度在 X 点有很高的峰值。样本数很大时，最近邻点离 X 很远的概率接近于 0。为了用公式来证明这一点，设密度函数 $p(x'_N \mid x)$ 是个连续函数且不为 0，一个训练样本落在以 X 为中心的小超球 S 里的概率 $P_s = \int_{X' \in S} p(x')\mathrm{d}x' > 0$，这个训练样本落在 S 外的概率为 $1 - P_s$。N 个独立样本落在 S 外的概率为 $(1 - P_s)^N$。因为 $P_s > 0$，故当 $N \to +\infty$ 时，$(1 - P_s)^N \to 0$，本式含义为 N 个样本中总有一些点落在邻域 S 内，只要训练样本点数足够大。从最近邻点位置的观点来看，上式结论相当于当 $N \to +\infty$ 时，最近邻点以概率 1 落在 X 点的小邻域 S 内。当小超球变得很小时，只要 N 足够大，则有 $X'_N \to X$，或 $\lim_{N \to +\infty} p(X'_N \mid X) = \delta(X'_N - X)$。最近邻点 X'_N 所属类别是离散型随机变量，可能的取值范围在 $w_1 \sim w_M$ 之间。把最近邻点 X'_N 属 i 类的概率记为 $P(w_i \mid X'_N)$，按最近邻法分类规则，相当于按 $P(w_i \mid X'_N)$ 对 X 点进行分类。而 N 充分大时 X'_N 接近于 X 点，可见最近邻法是近似地按 $P(w_i \mid X')$ 来分类的。

上面只是粗略地从概念上介绍，下面证明最近邻法平均错误率 P 和最小错误率贝叶斯分类器的平均错误率 P^* 之间的关系式（当 $N \to +\infty$ 时），关系式如下：

$$P^* \leqslant P \leqslant P^*(2 - (MP^*)/(M-1)) \tag{5-3}$$

粗略地说，当 $N \to +\infty$ 时，最近邻法错误率比最小错误率贝叶斯分类器的错误率 P^* 略大，但不会大于 $2P^*$。由于贝叶斯分类器是所有分类器中错误率最小的，用最近邻法能得到接近贝叶斯分类器的性能应该说是不错的。现在来证明式（5 - 3）。式中，$P^* = \int_x P^*(e \mid X)p(x)\mathrm{d}x$，即对不同 X 错误率求统计平均。对某个给定的 X，若用贝叶斯决策规则应把它分入 w_b，即

$$P(w_b \mid X) = \max P(w_i \mid X), \quad i=1,2,\cdots,M \tag{5-4}$$

对这个 X 而言，贝叶斯分类器分错的概率为

$$P^*(e \mid X) = 1 - P(w_b \mid X) \tag{5-5}$$

现在对同样的模式 X，改用近邻法分类，以 $P_N(e \mid X)$ 记其错误率（对这个 X），因近邻法的分类和样本取法有关，即错误率与 X'_N 有关，同样的 X，对不同的训练组有不同的 X'_N，

故 $P_N(e|X)$ 应是对不同的 X'_N 所求得的错误率的统计平均，即

$$P_N(e|X) = \int_{X'_N} P_N(e|X,X'_N)p(x'_N|x)\mathrm{d}x'_N \tag{5-6}$$

式中，$P_N(e|X,X'_N)$ 是 X 和它的最近邻 X'_N 分属不同类别的概率。若以 θ 表示 X 所属的类别，θ'_N 表示 X'_N 所属的类别，则因 X 和 X'_N 独立，故有 $P_N(\theta,\theta'_N|X,X'_N)=P(\theta|X)P(\theta'_N|X'_N)$，从而有下式：

$$\begin{aligned}P_N(e|X,X'_N) &= 1-\sum_{i=1}^{M}P(\theta=w_i,\theta'_N=w_i|X,X'_N)\\&= 1-\sum_{i=1}^{M}P(w_i|X)P(w_i|X'_N)\end{aligned} \tag{5-7}$$

当 $N\to+\infty$ 时，由前面的分析知 X'_N 很靠近 X，即

$$p(x'_N|x)\approx\delta(x'_N|x) \tag{5-8}$$

由 δ 函数性质有

$$\int\delta(x-x_b)f(x)\mathrm{d}x = f(x_b) \tag{5-9}$$

由式（5-6）~式（5-9），可得

$$\begin{aligned}\lim_{N\to+\infty}P_N(e|X) &= \lim_{N\to+\infty}\int_{X'_N}P_N(e|X,X'_N)p(x'_N|x)\mathrm{d}x'_N\\&= \lim_{N\to+\infty}\int_{X'_N}\Big[1-\sum_{i=1}^{M}P(w_i|X)P(w_i|X'_N)\Big]p(x'_N|x)\mathrm{d}x'_N\\&= 1-\sum_{i=1}^{M}P^2(w_i|X)\end{aligned} \tag{5-10}$$

由式（5-10）知，当 $N\to+\infty$ 时，近邻法平均错误率为

$$\begin{aligned}P &= \lim_{N\to+\infty}\int P_N(e|X)p(x)\mathrm{d}X = \int\lim_{N\to+\infty}P_N(e|X)p(x)\mathrm{d}X\\&= \int_{X'_N}\Big[1-\sum_{i=1}^{M}P^2(w_i|X)p(x)\mathrm{d}X\Big]\end{aligned} \tag{5-11}$$

因 $p(x)$ 表达式未知，难以进一步简化。但从式（5-11）亦可找到近邻法错误率 P 的上、下界。先看 P 的下界：因贝叶斯分类器是错误率最小的，故不可能有 $P<P^*$。至于 P 能否达到等于 P^*，可参考下面两个例子：

1）当 $P(w_b|X)=1$ 时，这时贝叶斯分类器错误率为

$$P^* = \int P^*(e|X)p(x)\mathrm{d}x = \int[1-P(w_b|X)]p(x)\mathrm{d}x = 0$$

而最近邻法的平均错误率为

$$P = \int P_N(e|X)P(x)\mathrm{d}x = \int_{X'_N}\Big[1-\sum_{i=1}^{M}P^2(w_i|X)\Big]p(x)\mathrm{d}x = 0$$

此时 $P=P^*=0$，即最近邻法错误率的下界能够达到。

2）当 $P(w_b|X)=1/M$ 时，即 X 属各类的后验概率相等，若胡乱猜测，猜对的概率仅 $1/M$，这时贝叶斯分类器错误率为

$$P^* = \int[1-1/M]p(x)\mathrm{d}x = 1-1/M$$

最近邻法错误率为

$$P = \int \left[1 - \sum_{i=1}^{M} (1/M)^2\right] p(x)\mathrm{d}x = 1 - 1/M$$

两者也相等。除这两种情况外 P 总要比 P^* 略大一些。

下面看 P 的上界，这是要证的主要内容。求上界即求

$$P = \int_{X'_N} \left[1 - \sum_{i=1}^{M} P^2(w_i \mid X)\right] p(x)\mathrm{d}x$$

的最大值。为此，先分析在什么情况下 $\sum_{i=1}^{M} P^2(w_2 \mid X)$ 达最小值。把各 $P(w_i \mid X)$ 值中最大的 $P(w_b \mid X)$ 分离出来，写成下式：

$$\sum_{i=1}^{M} P^2(w_i \mid X) = \sum_{i \neq b} P^2(w_i \mid X) + P^2(w_b \mid X)$$

对某个 X，贝叶斯分类器错误率为

$$P^*(e \mid X) = 1 - P(w_b \mid X) = \sum_{i \neq b} P(w_i \mid X) \tag{5-12}$$

求 P 的极大值的问题即是在 $1 - P(w_b \mid X)$ 为常数的条件下，求 $\sum_{i \neq b} P^2(w_i \mid X)$ 的极小值。用拉格朗日乘子法不难证明当所有其他类的后验概率都相等时，$\sum_{i \neq b} P^2(w_i \mid X)$ 为最小。这个推导过程就不详细介绍了，只要注意到所用准则函数如下：

$$J = \sum_{i \neq b} P^2(w_i \mid X) - \lambda\left[\sum_{i \neq b} P(w_i \mid X) - P^*(e \mid X)\right]$$

由 $\dfrac{\partial J}{\partial P(w_i \mid X)} = 0$ 可解得，当对于所有 $i \neq b$，有

$$P(w_i \mid X) = P^*(e \mid X)/(M-1) \tag{5-13}$$

时，$\sum_{i \neq b} P^2(w_i \mid X)$ 为最小，这是对最近邻分类器来说最恶劣的工作环境。在这种环境下，最小值为

$$\begin{aligned}
\sum_{i=1} P^2(w_i \mid X) &= P^2(w_b \mid X) + \sum_{i \neq b} P^2(w_2 \mid X) \\
&\leqslant [1 - P^*(e \mid X)]^2 \\
&\quad + \sum_{i \neq b} ([P^*(e \mid X)]^2)/(M-1)^2 \\
&= 1 - 2P^*(e \mid X) \\
&\quad + (M-1)[P^*(e \mid X)]^2/(M-1) + [P^*(e \mid X)]^2/(M-1) \\
&= 1 - 2P^*(e \mid X) + M[P^*(e \mid X)]^2/(M-1)
\end{aligned} \tag{5-14}$$

由式（5-14）可知，当 $N \to +\infty$ 时，对某个 X，近邻法错误率为

$$\lim_{N \to +\infty} P_N(e \mid X) = 1 - \sum_{i=1}^{M} P^2(w_i \mid X) \leqslant 2P^*(e \mid X) - M[P^*(e \mid X)]^2/(M-1) \tag{5-15}$$

求最近邻法平均错误率的上界（当 $N \to +\infty$ 时），只需要将式（5-15）对 x 积分，得出下式：

$$P = \int [1 - \sum_{i=1}^{M} P^2(w_i \mid X)] p(x) \mathrm{d}x \leqslant \int [2P^*(e \mid X) - M[P^*(e \mid X)]^2 p(x)/(M-1) \mathrm{d}x$$
$$= 2P^* - M[P^*(e \mid X)]^2 p(x)/(M-1) \mathrm{d}x \tag{5-16}$$

因 $\mathrm{var}[P^*(e \mid X)] = \int P^{*2}(e \mid X)] p(x) \mathrm{d}x - P^{*2} \geqslant 0$，故式（5-16）右端的积分项≥$P^{*2}$，式（5-15）可写为

$$P \leqslant 2P^* - MP^{*2}/(M-1)$$

这就是式（5-3）的后一个不等式。

如图 5-2 所示为最近邻法错误率 P 与贝叶斯分类器错误率 P^* 间的关系。在 $P^*=0$ 和 $P^*=M/(M-1)$ 这两个极端情况下 $P^*=P$，在一般情况下 P 略大于 P^*，P 有一个变化范围，它与 M 个类的相互构成情况有关。之前已经介绍，当 M 个后验概率中有一个最大，其余 $M-1$ 个都相等时是最近邻法最容易出错的情况。即使在这种情况下，最近邻法性能也是不错的。所有的这些结论都是在 N 很大的条件下得到的，若 N 不够大，造成最近邻 X'_N 与 X 离得较远，这时不会有好的分类性能。

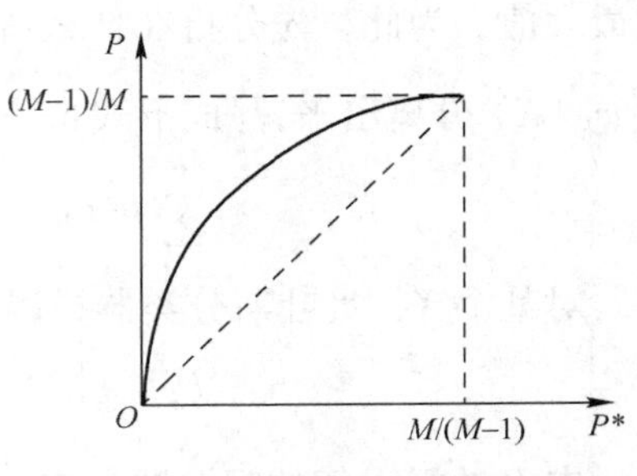

图 5-2　$N \to +\infty$ 时近邻法性能

5.1.3　最近邻法程序举例

```
#include "stdafx.h"
#include "math.h"
#include "pattern.h"
#include "vector.h"

int GetSort(unsigned char dat[4][8][8][60],unsigned char x[8][60])
{
    int i,k,cj,m;
    int bcha,min_bcha;
    int cj_num[32];

    for (cj=0;cj<32;cj++) cj_num[cj]=0;
    for (k=0;k<8;k++) {
        for (cj=0;cj<32;cj++) {
            bcha=0;
            for (m=0;m<60;m++) {
                bcha+=abs(dat[cj/8][cj%8][k][m]-x[k][m]);
            }
            if (cj==0) {
                min_bcha=bcha;
                i=0;
            } else {
```

```
            if (bcha < min_bcha) {
                min_bcha = bcha;
                i = cj;
            }
        }
    }
    i = (i/8) * 8 + i%4;
    cj_num[i] ++;
}
int av,bav,q2,bq2,xq;
int xg,max_xg;
for (k =0;k <8;k ++) {
    for (cj =0;cj <32;cj ++) {
        av =0;
        bav =0;
        for (m =0;m <60;m ++) {
            bav += dat[cj/8][cj%8][k][m];
            av += x[k][m];
        }
        av/ =60;
        bav/ =60;
        q2 =0;
        bq2 =0;
        xq =0;
        for (m =0;m <60;m ++) {
            bq2 += (dat[cj/8][cj%8][k][m] - bav) * (dat[cj/8][cj%8][k][m] - bav);
            q2 += (x[k][m] - av) * (x[k][m] - av);
            xq += (x[k][m] - av) * (dat[cj/8][cj%8][k][m] - bav);
        }
        bq2/ =60;
        q2/ =60;
        xq/ =60;
        xg = 100 * xq/sqrt((double)bq2 * q2);
        if (cj ==0) {
            max_xg = xg;
            i =0;
        } else {
            if (xg > max_xg) {
                max_xg = xg;
                    i = cj;
            }
        }
    }
```

```
        i = (i/8) * 8 + i%4;
        cj_num[i] ++ ;
    }
    for (k = 0;k < 8;k ++ ) {
        for (cj = 0;cj < 32;cj ++ ) {
            bcha = 0;
            for (m = 2;m < 60;m ++ ) {
                bcha += abs(dat[cj/8][cj%8][k][m] - dat[cj/8][cj%8][k][m - 2]
                    - x[k][m] + x[k][m - 2]);
            }
            if (cj == 0) {
                min_bcha = bcha;
                i = 0;
            } else {
                if (bcha < min_bcha) {
                    min_bcha = bcha;
                    i = cj;
                }
            }
        }
        i = (i/8) * 8 + i%4;
        cj_num[i] ++ ;
    }
    for (k = 0;k < 8;k ++ ) {
        for (cj = 0;cj < 32;cj ++ ) {
            bcha = 0;
            for (m = 4;m < 60;m ++ ) {
                bcha += abs(dat[cj/8][cj%8][k][m] - dat[cj/8][cj%8][k][m - 3]
                    - x[k][m] + x[k][m - 3]);
            }
            if (cj == 0) {
                min_bcha = bcha;
                i = 0;
            } else {
                if (bcha < min_bcha) {
                    min_bcha = bcha;
                    i = cj;
                }
            }
        }
        i = (i/8) * 8 + i%4;
        cj_num[i] ++ ;
    }
```

```
    k = cj_num[0];
    i = 0;
    for (cj = 1;cj < 32;cj ++) {
        if (cj_num[cj] > k) {
            k = cj_num[cj];
            i = cj;
        }
    }
    return i;
}

int Get_Cor(unsigned char dat[4][8][8][60],unsigned char x[8][60])
{
    int av,bav,q2,bq2,xq;
    int xg,max_xg,sum_xg;
    int cj,i,k,m,l,c;

    max_xg = 0;c = 0;
    for (l = -1;l < 2;l ++) {
        for (cj = 0;cj < 32;cj ++) {
            sum_xg = 0;
            for (k = 0;k < 8;k ++) {
                av = 0;
                bav = 0;
                for (m = 1;m < 59;m ++) {
                    bav += dat[cj/8][cj%8][k][m];
                    av += x[k][m + l];
                }
                av/ = 58;
                bav/ = 58;
                q2 = 0;
                bq2 = 0;
                xq = 0;
                for (m = 1;m < 59;m ++) {
                    bq2 += (dat[cj/8][cj%8][k][m] - bav) * (dat[cj/8][cj%8][k][m] - bav);
                    q2 += (x[k][m + l] - av) * (x[k][m + l] - av);
                    xq += (x[k][m + l] - av) * (dat[cj/8][cj%8][k][m] - bav);
                }
                bq2/ = 58;
                q2/ = 58;
                xq/ = 58;
                xg = 100 * xq/sqrt((double)bq2 * q2);
                sum_xg += xg;
```

```
            }
            if (sum_xg > max_xg) {
                max_xg = sum_xg;
                i = cj;c = 1;
            }
        }
    }
    return i;
}

int GetSort_2(unsigned char dat[4][8][8][60],unsigned char x[8][60])
{
    int i,k,cj,m;
    int bcha,min_bcha,sum_bcha;
    int min_i,max_i;

    for (cj = 0;cj < 32;cj ++) {
        sum_bcha = 0;
        for (k = 0;k < 8;k ++) {
            bcha = 0;
            for (m = 0;m < 60;m ++) {
                bcha += abs(dat[cj/8][cj%8][k][m] - x[k][m]);
            }
            bcha/ = 60;
            sum_bcha += bcha;
        }
        if (cj == 0) {
            min_bcha = sum_bcha;
            i = 0;
        } else {
            if (sum_bcha < min_bcha) {
                min_bcha = sum_bcha;
                i = cj;
            }
        }
    }
    min_i = (i/8) * 8 + i%4;

    int av,bav,q2,bq2,xq;
    int xg,max_xg,sum_xg;

    for (cj = 0;cj < 32;cj ++) {
        sum_xg = 0;
```

```
        for (k = 0;k < 8;k ++) {
            av = 0;
            bav = 0;
            for (m = 0;m < 60;m ++) {
                bav += dat[cj/8][cj%8][k][m];
                av += x[k][m];
            }
            av/ = 60;
            bav/ = 60;
            q2 = 0;
            bq2 = 0;
            xq = 0;
            for (m = 0;m < 60;m ++) {
                bq2 += (dat[cj/8][cj%8][k][m] - bav) * (dat[cj/8][cj%8][k][m] - bav);
                q2 += (x[k][m] - av) * (x[k][m] - av);
                xq += (x[k][m] - av) * (dat[cj/8][cj%8][k][m] - bav);
            }
            bq2/ = 60;
            q2/ = 60;
            xq/ = 60;
            xg = 100 * xq/sqrt((double)bq2 * q2);
            sum_xg += xg;
        }
        if (cj == 0) {
            max_xg = sum_xg;
            i = 0;
        } else {
            if (sum_xg > max_xg) {
                max_xg = sum_xg;
                i = cj;
            }
        }
    }
    max_i = (i/8) * 8 + i%4;
    if (min_i == max_i) return min_i;
    else {
        return Get_Cor(dat,x);
    }
}

int main(int argc, char * argv[])
{
    int sort,i,j,k;
```

```
    for (k=0;k<10;k++) {
        for (sort=0;sort<10;sort++) {
            for (i=0;i<CNUM;i++) {
                j=GetSort_2(dat[k],dat[sort][i/8][i%8]);
                j=(j/8)*8+j%4;
                if (j!=((i/8)*8+i%4)) {
                    printf("k=%d\n",k);
                    printf("sort=%d\n",sort);
                    printf("err:i=%d\n",i);
                }
            } //end of i
        } // end of sort
    }
    return 0;
}
```

上述程序的运行结果如图 5-3 所示。

图 5-3　最近邻法程序运行结果

5.2　K-近邻法

5.2.1　K-近邻法原理及错误率分析

K-近邻法是最近邻法的推广。从表面意思上可以看出，这种方法就是取未知样本 $\boldsymbol{x}$ 的 K 个近邻，根据这 K 个近邻把 $\boldsymbol{x}$ 归类。具体可以描述如下：在 N 个已知样本中，找出 $\boldsymbol{x}$ 的 K 个近邻。设在这 N 个样本中，来自 w_1 类的样本有 N_1 个，来自 w_2 类的有 N_2 个，…，来自 w_i

类的有 N_i 个，若 K_1，K_2，…，K_c 分别是 K 个近邻中属于 w_1，w_2，…，w_c 类的样本数，则可以定义判断函数为

$$\varphi_i(\boldsymbol{x}) = k_i, \quad i=1,2,\cdots,c$$

决策规则为：若

$$\varphi_i(\boldsymbol{x}) = \max_i(\varphi_i(\boldsymbol{x})), \quad i=1,2,\cdots,c$$

则决策 $\boldsymbol{x} \in w_i$，这种方法通常称为 K－近邻法，即 K－NN 法。

这就是 K－近邻法的基本规则。直观上，这样所得的分类器的性能应该比只根据单个近邻点就做决策的最近邻法要好。进一步分析的结果证明了这一点，前提是 $N \to +\infty$。如图 5-4 所示为 $N \to +\infty$ 时 K－近邻法错误率与贝叶斯分类器错误率之间的关系。从不同 K（包括 $K=1$）的 $P-P^*$ 曲线可以看出，当 $N \to +\infty$ 时，K 越大，K－近邻法的性能越接近贝叶斯分类器。由此似乎应该得出结论：K 越大越好。但图 5-4 所示的结果是在 $N \to +\infty$ 时的情况。随着 K 变大，要想使 K 个最近邻点都落在 X 点附近所需的样本数 N 比最近邻法中所需的样本数多得多。因此，可以发现 K－近邻法在实际场合中无法实现，并且当错误代价很大时，也会产生较大的风险。

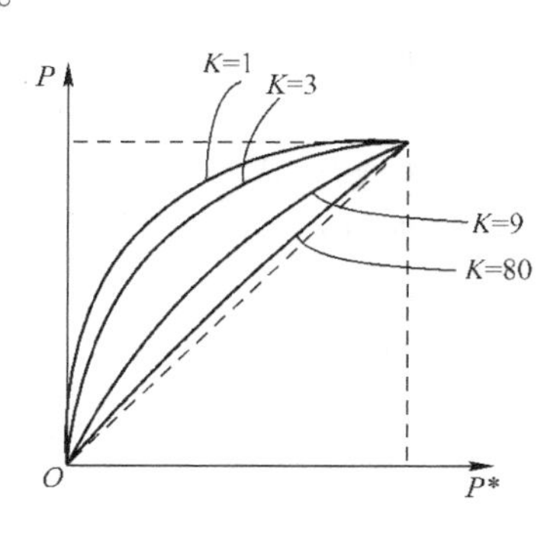

图 5-4　$N \to +\infty$ 时近邻法与贝叶斯分类器性能的对比

【例 5-1】 设在一个二维空间如图 5-5 所示，A 类有三个训练样本，图中用点表示，B 类有四个样本，图中用方块点表示。按近邻法分类，这两类最多有多少个分界面？画出实际用到的分界面。

解：按近邻法对任意两个由不同类别的训练样本构成的样本对，如果它们有可能成为测试样本的近邻，则它们构成一组最小距离分类器，它们之间的中垂面就是分界面，因此由三个 A 类与四个 B 类训练样本可能构成的分界面最大数量为 3×4=12。实际分界面如图 5-6 所示，由 9 条线段构成。

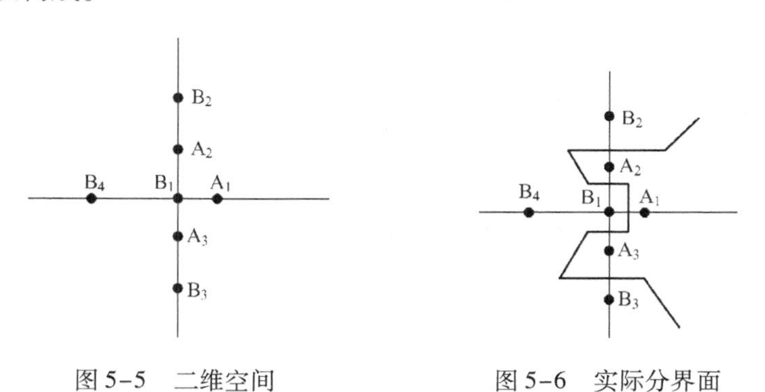

图 5-5　二维空间　　　　图 5-6　实际分界面

5.2.2　K－近邻法程序举例

本程序中的训练样本集含有 30 个样本，矢量长度为 5，对样本{1，18，11，11，0.5513196}进行 $K=5$ 的 K－近邻分类。读者在运行程序时需将代码中文件的路径进行相应

的修改。样本从文件 data. txt 中读取，程序运行结果显示所有样本以及其类别、待分类样本所属的类别（{1,18,11,11,0. 5513196}属于“2”类），以及它的 5 个最近邻的类别和与它之间的距离。本程序的完整代码来源于 http://download. csdn. net/download/zhangliang919/2033299。代码如下：

```
#include <iostream.h>
#include <math.h>
#include <fstream.h>
#define NATTRS 5
#define MAXSZ 1700
#define MAXVALUE 10000.0
#define K 5
struct vector {
    double attributes[NATTRS];
    double classlabel;
};
struct item {
double distance;
double classlabel;
};
struct vector trSet[MAXSZ];
struct item knn[K];
int curTSize =0;
int AddtoTSet(struct vector v)
{
    if(curTSize >= MAXSZ) {
        cout << endl << "The training set has " << MAXSZ << " examples!" << endl << endl;
        return 0;
    }
    trSet[curTSize] = v;
    curTSize ++;
    return 1;
}
double Distance(struct vector v1,struct vector v2)
{
    double d =0.0;
    double tem =0.0;
    for(int i =0;i < NATTRS;i ++)
        tem += (v1.attributes[i] - v2.attributes[i]) * (v1.attributes[i] - v2.attributes[i]);
    d = sqrt(tem);
    return d;
}
int max(struct item knn[])
```

```
{
    int maxNo = 0;
    if(K > 1)
    for(int i = 1;i < K;i ++ )
        if(knn[i].distance > knn[maxNo].distance)
    maxNo = i;
    return maxNo;
}

double Classify(struct vector v)
{
    double dd = 0;
    int maxn = 0;
    int freq[K];
    double mfreqC = 0;
    int i;
    for(i = 0;i < K;i ++ )
        knn[i].distance = MAXVALUE;
    for(i = 0;i < curTSize;i ++ )
    {
        dd = Distance(trSet[i],v);
        maxn = max(knn);
        if(dd < knn[maxn].distance) {
                knn[maxn].distance = dd;
                knn[maxn].classlabel = trSet[i].classlabel;
            }
    }
    for(i = 0;i < K;i ++ )
        freq[i] = 1;
    for(i = 0;i < K;i ++ )
        for(int j = 0;j < K;j ++ )
            if((i! = j)&&(knn[i].classlabel  ==  knn[j].classlabel))
                freq[i] += 1;
        for(i = 0;i < K;i ++ )
        cout << "freq:" << freq[i] << endl;
    int mfreq = 1;
    mfreqC = knn[0].classlabel;
    for(i = 0;i < K;i ++ )
        if(freq[i] > mfreq)  {
            mfreq = freq[i];
            mfreqC = knn[i].classlabel;
        }
    return mfreqC;
```

```
}
void main()
{

    double classlabel;
    double c;
    double n;
    struct vector trExmp;
    int i;
    ifstream filein("E:\常玉兰\编书\模式识别书\代码\K-近邻分类\data.txt");
    if(filein.fail()){cout<<"Can't open data.txt"<<endl; return;}
    while(!filein.eof())
    {
        filein>>c;
        trExmp.classlabel=c;
        cout<<"lable:"<<trExmp.classlabel<<"|";

        for(int i=0;i<NATTRS;i++)
        {
        filein>>n;
        trExmp.attributes[i]=n;
        cout<<trExmp.attributes[i]<<"";
        }

        cout<<endl;
    if(!AddtoTSet(trExmp))
        break;
    }

    filein.close();

    struct vector testv={{1,18,11,11,0.5513196},17};
    classlabel=Classify(testv);
    cout<<"The classlable of the testv is:";
    cout<<classlabel<<endl;
    for(i=0;i<K;i++)
        cout<<knn[i].distance<<"\t"<<knn[i].classlabel<<endl;
}
```

上述程序的运行结果如图 5-7 所示。

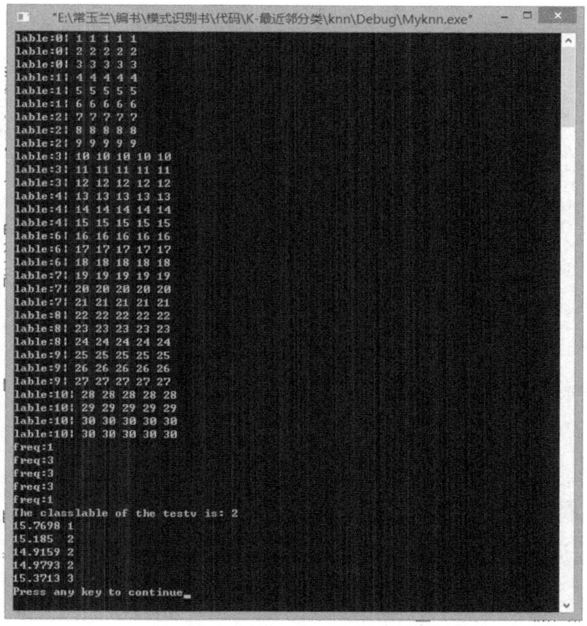

```
"E:\常玉兰\编书\模式识别书\代码\K-最近邻分类\knn\Debug\Myknn.exe"
lable:0| 1 1 1 1 1
lable:0| 2 2 2 2 2
lable:0| 3 3 3 3 3
lable:1| 4 4 4 4 4
lable:1| 5 5 5 5 5
lable:1| 6 6 6 6 6
lable:2| 7 7 7 7 7
lable:2| 8 8 8 8 8
lable:2| 9 9 9 9 9
lable:3| 10 10 10 10 10
lable:3| 11 11 11 11 11
lable:3| 12 12 12 12 12
lable:4| 13 13 13 13 13
lable:4| 14 14 14 14 14
lable:4| 15 15 15 15 15
lable:6| 16 16 16 16 16
lable:6| 17 17 17 17 17
lable:6| 18 18 18 18 18
lable:7| 19 19 19 19 19
lable:7| 20 20 20 20 20
lable:7| 21 21 21 21 21
lable:8| 22 22 22 22 22
lable:8| 23 23 23 23 23
lable:8| 24 24 24 24 24
lable:9| 25 25 25 25 25
lable:9| 26 26 26 26 26
lable:9| 27 27 27 27 27
lable:10| 28 28 28 28 28
lable:10| 29 29 29 29 29
lable:10| 30 30 30 30 30
lable:10| 30 30 30 30 30
freq:1
freq:3
freq:3
freq:3
freq:1
The classlable of the testv is: 2
15.7698 1
15.185  2
14.9159 2
14.9793 2
15.3713 3
Press any key to continue_
```

图 5-7　K-近邻法程序运行结果

5.3　剪辑近邻法

在很多时候，两类数据的分布可能会有一定的重叠，这时样本就不会完全可分。如果训练样本处在两类分布重合的区域，其中部分样本就会落在分类面的错误一面，在进行近邻法分类时，这样的训练样本就会误导决策，使分类出现错误。而且由于这个区域内两类已知样本都存在，可能会使分类面的形状变得复杂。剪辑近邻法的思想就是清理两类间的边界，去掉类别混杂的样本，使两类边界更清晰。这种方法的性能在理论上明显好于一般的最近邻法。

5.3.1　剪辑近邻法

对于两类问题，设将已知类别的样本集 $X^{(N)}$ 分成参照集 $X^{(NR)}$ 和测试集 $X^{(NT)}$ 两部分，这两部分没有公共元素，它们的样本数分别为 NR 和 NT，$NR+NT=N$。利用参照集 $X^{(NR)}$ 中的样本 y_1，y_2，…，y_{NR}，采用最近邻规则对已知类别的测试集 $X^{(NT)}$ 中的每个样本 x_1，x_2，…，x_{NT}进行分类，剪辑掉 $X^{(NT)}$ 中被错误分类的样本，具体地讲，若记 $y^0(x)\in X^{(NR)}$ 是 $X^{(NT)}$ 的最近邻元，剪辑掉不与 $y^0(x)$同类的 x，其余判决正确的样本组成剪辑样本集 $X^{(NTE)}$，这一操作称为剪辑。然后，利用剪辑样本集 $X^{(NTE)}$ 采用最近邻规则对待识别模式 x 进行分类。

可以证明下面的定理：当样本数 $N\to+\infty$ 时，$(NT)/(NR)\to\alpha/(1-\alpha)$，$0<\alpha<1$，如果 x 是 $p(x\mid w_1)$和 $p(x\mid w_2)$的连续点，设 x 在 $X^{(NT)}$ 中的最近邻为 x^0，则 x^0 在 $X^{(NR)}$ 中的最近邻 y^0（x^0）有

$$\lim_{N\to\infty} y^0(x^0)=x \tag{5-17}$$

且

$$\lim_{N\to\infty} P(w_i \mid y^0(x^0)=x) = P(w_i \mid x), \quad i=1,2 \tag{5-18}$$

以该定理为基础，可以证明 x 的最近邻 x^0 属于 w_1 类的渐近概率为

$$\varphi(w_1 \mid x^0) \overset{\text{def}}{=\!=} \lim_{N\to\infty} P(w_1 \mid x^0) = P(w_1 \mid x)^2 / [1-2P(w_1 \mid x)P(w_2 \mid x)] \tag{5-19}$$

在给定 x 条件下的渐近误判概率为

$$\begin{aligned}
P_{1-\mathrm{NN}}^{\mathrm{E}}(e \mid x) &= P(w_1 \mid x)\varphi(w_2 \mid x^0) + P(w_2 \mid x)\varphi(w_1 \mid x^0) \\
&= P(w_1 \mid x)\varphi(w_2 \mid x) + P(w_2 \mid x)\varphi(w_1 \mid x) \\
&= P(w_1 \mid x) + \varphi(w_2 \mid x) - 2\varphi(w_1 \mid x)P(w_1 \mid x) \\
&= P(w_1 \mid x) + P(w_1 \mid x)^2 / [1-2P(w_1 \mid x)P(w_2 \mid x)] \\
&\quad -2P(w_1 \mid x)^3 / [1-2P(w_1 \mid x)P(w_2 \mid x)] \\
&= P(w_1 \mid x)P(w_2 \mid x) / (1-2P(w_1 \mid x)P(w_2 \mid x))
\end{aligned} \tag{5-20}$$

误判的情况是，x 属于 w_1 类而其近邻元属于 w_2 类；或 x 属于 w_2 类但其近邻元属于 w_1 类，因此没有剪辑的最近邻法的渐近条件误判概率还可以表示成

$$P_{1-\mathrm{NN}}(e \mid x) = 2P(w_1 \mid x)P(w_2 \mid x) \tag{5-21}$$

将式（5-21）代入式（5-20）可得

$$P_{1-\mathrm{NN}}^{\mathrm{E}}(e \mid x) = P_{1-NN}(e \mid x) / (2[1-P_{1-NN}(e \mid x)]) \tag{5-22}$$

由于式（5-22）的分母中 $P_{1-\mathrm{NN}}(e \mid x) \leqslant 1/2$，从而分母不小于 1，式（5-22）表明，剪辑最近邻法的渐近条件误判概率小于或等于没有剪辑的最近邻法，即

$$P_{1-\mathrm{NN}}^{\mathrm{E}}(e \mid x) \leqslant P_{1-\mathrm{NN}}(e \mid x)$$

从而有

$$P_{1-\mathrm{NN}}^{\mathrm{E}}(e) \leqslant P_{1-\mathrm{NN}}(e) \tag{5-23}$$

当 $P_{1-\mathrm{NN}}(e \mid x)$ 很小时，由式（5-22）可推知

$$P_{1-\mathrm{NN}}^{\mathrm{E}}(e) \approx P_{1-\mathrm{NN}}(e)/2 \tag{5-24}$$

由于没有剪辑的最近邻法渐近误判概率 $P_{1-\mathrm{NN}}(e)$ 的上界为 $2P_{\mathrm{B}}(e)$，因此经过剪辑的最近邻法的渐近误判概率 $P_{1-\mathrm{NN}}^{\mathrm{E}}(e)$ 接近贝叶斯误判概率 $P_{\mathrm{B}}(e)$，即

$$P_{1-\mathrm{NN}}^{\mathrm{E}}(e) \approx P_{\mathrm{B}}(e) \tag{5-25}$$

5.3.2 剪辑 K－NN 近邻法

上述的渐近最近邻法可以推广到 K－近邻法中，具体的操作步骤如下：

1）用 K－NN 法进行剪辑。

2）用 1－NN 法进行分类。可以证明，此时的渐近条件误判概率为

$$P_{\mathrm{K}-\mathrm{NN}}^{\mathrm{E}}(e \mid x) = P_{1-\mathrm{NN}}(e \mid x) / (2[1-P_{\mathrm{K}-\mathrm{NN}}(e \mid x)] \tag{5-26}$$

由于 $P_{\mathrm{K}-\mathrm{NN}}(e \mid x)$ 一般小于 $P_{1-\mathrm{NN}}(e \mid x)$，所以由式（5-22）和（5-26）可得

$$P_{\mathrm{K}-\mathrm{NN}}^{\mathrm{E}}(e \mid x) < P_{1-\mathrm{NN}}^{\mathrm{E}}(e \mid x) \tag{5-27}$$

当 $N\to+\infty$，$k\to+\infty$，$k/N\to 0$ 时，有

$$P_{\mathrm{K}-\mathrm{NN}}(e \mid x) = \lim_{N,k\to\infty} P_{k/N}(e \mid x) = P_{\mathrm{B}}(e \mid x)$$

再利用下式：

$$P_{1-NN}(e|x) \leqslant 2P_B(e|x)[1-P_B(e|x)]$$

代入式（5–26），可得

$$P_{K-NN}^{E}(e|x) = \lim_{N,k\to\infty} P_{k/N}^{E}(e|x) = P_B(e|x) \tag{5–28}$$

式（5–28）两边取期望得

$$P_{K-NN}^{E}(e) = P_B(e) \tag{5–29}$$

式（5–29）表明，当 $k\to+\infty$ 时，剪辑 K – NN 法的性能接近贝叶斯判决，即它的渐近误判概率收敛于贝叶斯误判概率，这显然好于没有剪辑的最近邻法。但是，在实际应用中，由于样本数 N、k 是有限的，在大多数情况下，样本出现的情况并不像理想的那样，所以该方法的实际效果将会变差。当类数增加时，该方法的效果会变得更好。设 $\varphi_k(w_l|x)$ 表示用 K – NN 方法判决 x 到 w_l 类的概率，可以证明，此时的渐近条件误判概率为

$$P_{K-NN-c}^{E}(e|x) = P_{K-NN}^{E}(e|x) - \Big(\sum_{i,j,l} P(w_i|x)P(w_j|x)\varphi_k(w_l|x)\Big)\Big/\big(1-P_{K-NN}(e|x)\big) \tag{5–30}$$

式中，$i=1, 2, \cdots, c-1$；$i=i+1, \cdots, c$；$l=1, 2, \cdots, c$，且 $l\neq i, j$。当 $c=2$ 时，$\varphi_k(w_l|x)=0$，此时，$P_{K-NN-c}^{E}(e|x)=P_{K-NN}^{E}(e|x)$，式（5–30）变为式（5–26）；当 $c>2$ 时，由于式（5–30）的第二项大于零，所以多类剪辑 K – NN 法的误判概率 $P_{K-NN-c}^{E}(e|x)$ 小于两类的情况。

5.3.3　剪辑近邻法的一般流程

剪辑近邻法的一般流程如下：

1）将样本集 $X^{(N)}$ 随机划分为 s 个子集：

$$X^{(N)} = \{X_1, X_2, \cdots, X_S\}, \qquad s\geqslant 3$$

2）用最近邻法，以 $X_{(i+1)\bmod s}$ 为参考集，对 X_i 中的样本进行分类，其中 $i=1, 2, \cdots, s$。

3）去掉 2）中被错误分类的样本。

4）用所留下的样本构成新的样本集 $X^{(NE)}$。

5）如果经过 k 次迭代再没有样本被剪辑则停止，否则转至 1）。

【例 5–2】 观察下列两个样本集使用剪辑近邻法后的分类状况。

解：第一个样本集如图 5–8 所示。

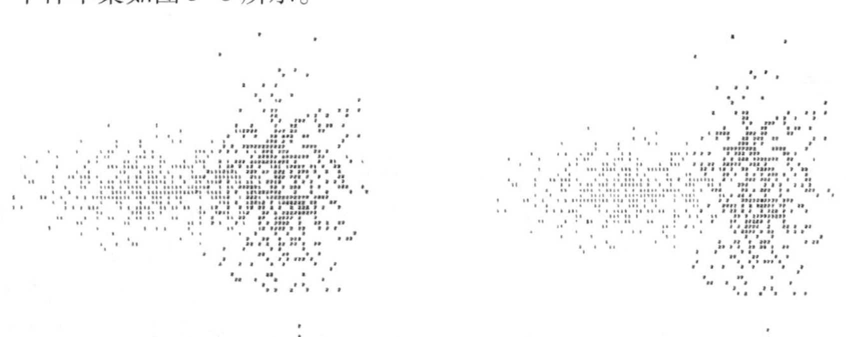

图 5–8　第一个样本集

a）原始样本集　b）第一次迭代后

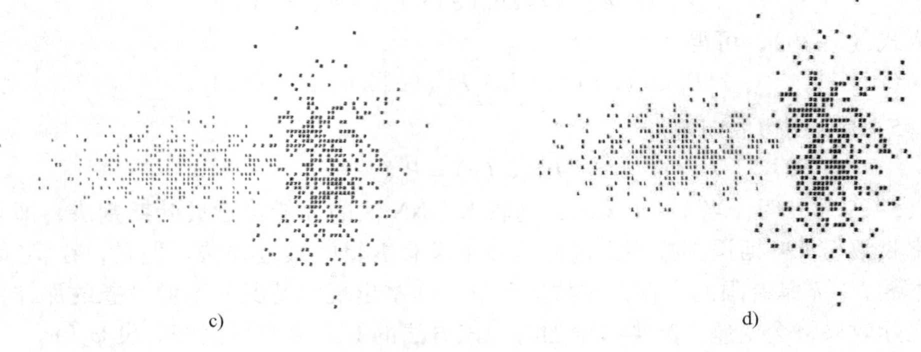

图 5-8　第一个样本集
c）第三次迭代后　d）最终的样本集（续）

第二个样本集如图 5-9 所示。

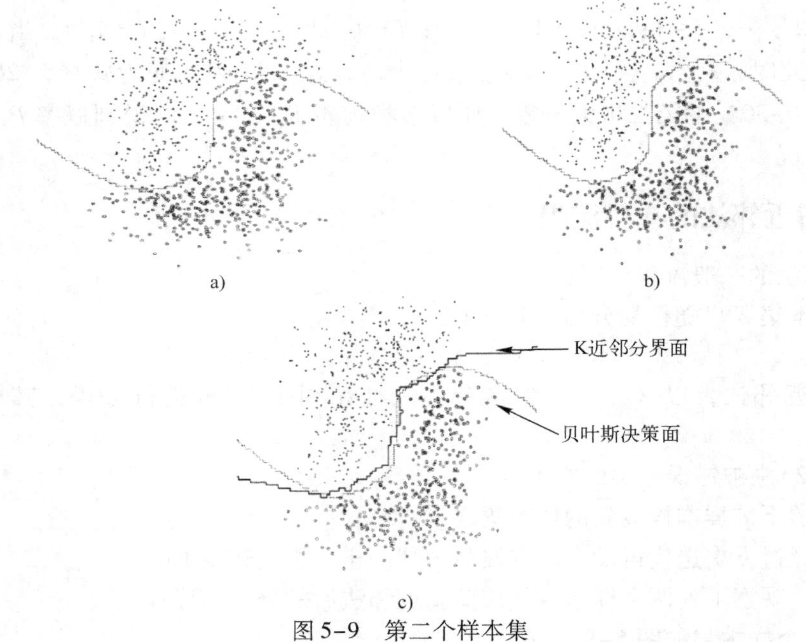

图 5-9　第二个样本集
a）原始样本集　b）第一次迭代后　c）最终的样本集

5.4　本章小结

本章首先给出了最近邻的一般概念，在此概念的基础上分析了最近法决策规则，并对最近邻法错误率进行分析。通过与贝叶斯方法对比，确定了最近邻法错误率的上下界，其渐近平均错误率在贝叶斯错误率的 1 ~2 倍之间。然后通过例程分析以加深读者对最近邻法的了解。在最近邻法的基础上，本章还分析了 K - 近邻法和剪辑近邻法，同样也分析了 K - 近邻法与贝叶斯分类器性能的对比、剪辑 K - NN 近邻法的渐近误判概率与贝叶斯误判概率的关系。

习题

一、填空

1. K－近邻法较之 Parzen 窗法的优点是（　　）。

A. 所需样本数较少　　B. 稳定性较好　　C. 分辨率较高　　D. 连续性较好

2. 一般地，剪辑 K－NN 最近邻方法在（　　）的情况下效果较好。

A. 样本数较大　　B. 样本数较小　　C. 样本呈团状分布　　D. 样本呈链状分布

二、计算

1. 设两类问题，已知七个二维矢量：

$$X^{(1)}=\{\boldsymbol{x}_1=(0,0)^{\mathrm{T}},\boldsymbol{x}_2=(0,2)^{\mathrm{T}},\boldsymbol{x}_3=(0,-2)^{\mathrm{T}},\boldsymbol{x}_4=(-2,0)^{\mathrm{T}}\}\in w_1$$

$$X^{(2)}=\{\boldsymbol{x}_5=(1,0)^{\mathrm{T}},\boldsymbol{x}_6=(0,1)^{\mathrm{T}},\boldsymbol{x}_7=(0,-1)^{\mathrm{T}}\}\in w_2$$

1）画出 1－NN 最近邻法决策面。

2）若按离样本均值距离的大小进行分类，试画出决策面。

2. 设两类问题，已知七个二维矢量：

$$X^{(1)}=\{\boldsymbol{x}_1=(1,0)^{\mathrm{T}},\boldsymbol{x}_2=(0,1)^{\mathrm{T}},\boldsymbol{x}_3=(0,-1)^{\mathrm{T}}\}\in w_1$$

$$X^{(2)}=\{\boldsymbol{x}_4=(0,0)^{\mathrm{T}},\boldsymbol{x}_5=(0,2)^{\mathrm{T}},\boldsymbol{x}_6=(0,-2)^{\mathrm{T}},\boldsymbol{x}_7=(-2,0)^{\mathrm{T}}\}\in w_2$$

1）画出 1－NN 最近邻法决策面。

2）若按离样本均值距离的大小进行分类，试画出决策面。

3）画出 1－NN 最近邻法的程序流程图。

3. 说明在什么情况下，最近邻法平均错误率 P 达到其上界。

第6章　BP神经网络及案例

人工神经网络具有并行处理、学习和记忆、非线性映射、自适应能力和鲁棒性等固有性质，广泛应用于信号处理、自动控制、故障诊断等许多领域。其中误差反相传播学习算法（即BP算法）是研究得最广泛的一种神经网络。

6.1　BP神经网络基本原理

BP网络包含有输入层、隐含层和输出层。结构如图6-1所示。

BP算法的基本工作原理是：对于输入信号，要先向前传播到隐含层节点处，经过作用函数后，再把隐节点的输出信息传播到输出层节点处，最后给出输出结果，层与层之间多采用全互连方式，同一层单元之间不存在相互连接，层间的连接权值和节点的阈值通过学习来调节。如果在输出层不能得到期望的输出，则输入反向传播，根据样本的期望输出与实际输出之间的总体误差，通过学习过程，从输出层开始，将误差信号沿原来的连接通道返回，通过逐层修正权系数，使两者之差小于规定的数值。网络的学习训练流程图如图6-2所示。

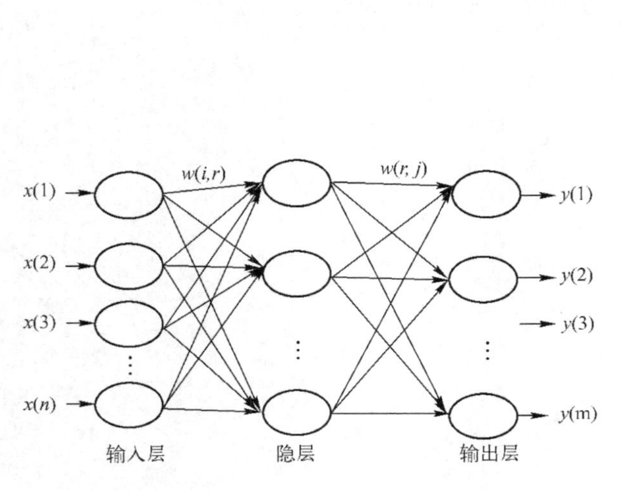

图6-1　三层BP神经网络结构

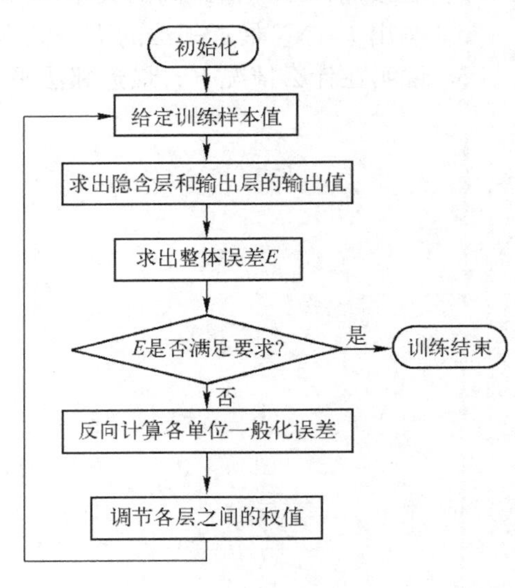

图6-2　BP网络训练流程图

6.2　网络各层节点数的确定

输入层：网络中输入节点数等于模式的维数。而已知的训练数据通常由数十组或者数百组维数相同的数据组成，称为样本。一般情况下需要指出的有两点：一是，输入量必须选择对输出影响大且能够检测或提取的变量，而且各输入变量之间互不相干或者相关性很小；二是，如果同组中各输入数据标准不相同时，不能将其直接作为网络输入，否则会导致样本输入空间过大，网络要达到相应的泛化能力所需要的样本数就会增加，将使得网络的规模过大，影响正常训练和诊断，因此将归一化后的训练样本作为神经网络的输入。

数据归一化处理：获得标准样本后，为了使数据控制在［0，1］之间，使得网络的输入样本中不存在奇异样本，同时，有助于节点不至于迅速进入饱和状态而无法继续学习，以及网络规模不至于过大，采用归一化公式如下：

$$\overline{x_k} = (x_k - x_{\min})/(x_{\max} - x_{\min}) \tag{6-1}$$

式中，$\overline{x_k}$为归一化处理后的输入量；x_k 为任一输入标定值；$x_{\max}$为输入最大标定值；$x_{\min}$为输入最小标定值。

输出层：网络中输出节点数等于需要预测或分类的类别数，一般表示系统要实现的功能目标，选择相对容易些。在样本训练中，样本数据中的输出如有必要同样需要数据归一化处理，这样才能保证在网络工作时的输出更加合理。

隐含层：对网络中隐含层节点数目的估计，目前尚无严格的理论依据，但却很大程度上决定网络设计的学习能力与归纳能力。隐含层节点数过少时，网络每次训练的时间就相对少一些，但有可能使整个网络隐含层权值矩阵无法包含全部训练样本的信息，导致权值无法达到合理需求；隐含层节点数过多时，学习能力得到增强，但网络每次学习所用的时间又会相对变长，网络存储也会很大，需要逐一计算全部可能构成的网络对同一样本集在一定迭代次数下的拟合精度或总误差并从中择优。

6.3 网络各层间激活函数的确定

激活函数的类型比较多，通常使用阶跃函数、线性函数和 Sigmoid 函数（S 形函数），函数表达式为 $\text{logsig}(n) = 1/(1+\exp(-n))$，其中 S 形函数如图 6-3 所示。

在识别和分类问题中，如果采用阶跃函数，当输出值为 1 时，可以肯定地判断输入类别，但阶跃函数的数学性质较差，在 0 和 1 处不够光滑，S 形函数弥补了这一不足，使函数值在（0，1）区间连续光滑地变化，这里 0 ~ 1 之间的数值可以理解为发生特定类事件的概率，数值越接近 1 表示发生的概率越大，在分类系统中，可以默认输出值大于或等于 0.5 时事件发生，小于 0.5 时则不发生。如果需要在其他区间变化，则只需要对函数进行简单的变化即可，非常灵活、方便。

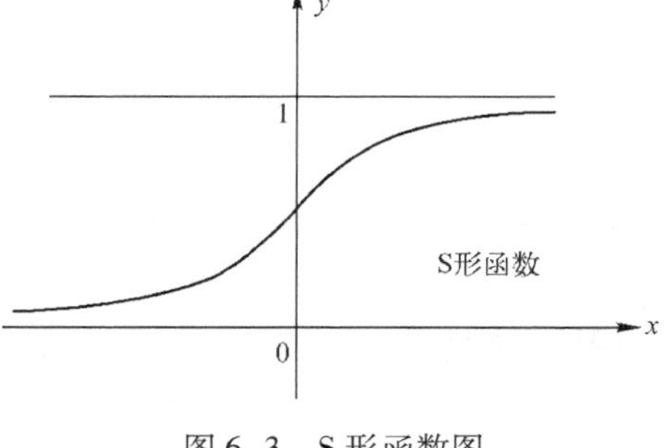

图 6-3　S 形函数图

6.4 LM 算法

在实际应用中，标准 BP 算法很难胜任，因此出现了很多优化的算法，如附加动量算法、变速率算法、共轭梯度算法、高斯 - 牛顿算法、Levenberg - Marquardt 算法（简称 LM

算法）等。其中，LM 算法是这些算法中收敛速度最快、鲁棒性最好的。LM 算法是一种利用标准的数值优化技术的快速算法，它是梯度下降法与高斯 - 牛顿法的结合，也可以说成是高斯 - 牛顿法的改进形式。它既有高斯 - 牛顿法的局部收敛性，又具有梯度下降法的全局特性，主要用于误差平方和最小化方面的计算。

设 $\boldsymbol{x}^{(k)}$ 表示第 k 次迭代的权值和阈值所组成的向量，新的权值和阈值组成的向量可根据以下的规则求得：

$$\boldsymbol{x}^{(k+1)} = \boldsymbol{x}^{k} + \boldsymbol{x} \tag{6-2}$$

根据牛顿法则有如下公式：

$$\boldsymbol{x} = -[\nabla^2 E(\boldsymbol{x})]^{-1} \nabla E(\boldsymbol{x}) \tag{6-3}$$

式中，$\nabla^2 E(\boldsymbol{x})$ 为误差指标函数 $E(\boldsymbol{x})$ 的 Hessian 矩阵；$\nabla E(\boldsymbol{x})$ 为梯度。

设误差指标函数公式如下：

$$E(\boldsymbol{x}) = \sum_{i=1}^{N} e_i^2(x_i)/2 \tag{6-4}$$

式中，$e_i(\boldsymbol{x})$ 为误差（$i=1, 2, 3, \cdots, N$）。那么

$$\nabla E(\boldsymbol{x}) = \boldsymbol{J}^{\mathrm{T}}(\boldsymbol{x})\boldsymbol{e}(\boldsymbol{x}) \tag{6-5}$$

$$\nabla^2 E(\boldsymbol{x}) = \boldsymbol{J}^{\mathrm{T}}(\boldsymbol{x})\boldsymbol{e}(\boldsymbol{x}) + \boldsymbol{s}(\boldsymbol{x}) \tag{6-6}$$

式中

$$\boldsymbol{s}(\boldsymbol{x}) = \sum_{i=1}^{N} e_i(x) \nabla^2 e_i(x) \tag{6-7}$$

$\boldsymbol{J}(\boldsymbol{x})$ 为雅可比矩阵，即

$$\boldsymbol{J}(\boldsymbol{x}) = \begin{pmatrix} \dfrac{\partial e_1(\boldsymbol{x})}{\partial x_1} & \dfrac{\partial e_1(\boldsymbol{x})}{\partial x_2} & \cdots & \dfrac{\partial e_1(\boldsymbol{x})}{\partial x_n} \\ \dfrac{\partial e_2(\boldsymbol{x})}{\partial x_1} & \dfrac{\partial e_2(\boldsymbol{x})}{\partial x_2} & \cdots & \dfrac{\partial e_2(\boldsymbol{x})}{\partial x_n} \\ \vdots & \vdots & & \vdots \\ \dfrac{\partial e_N(\boldsymbol{x})}{\partial x_1} & \dfrac{\partial e_N(\boldsymbol{x})}{\partial x_2} & \cdots & \dfrac{\partial e_N(\boldsymbol{x})}{\partial x_n} \end{pmatrix} \tag{6-8}$$

高斯 - 牛顿算法的计算方法是

$$\boldsymbol{x} = -[\boldsymbol{J}^{\mathrm{T}}(\boldsymbol{x})\boldsymbol{J}(\boldsymbol{x})]^{-1}\boldsymbol{J}(\boldsymbol{x})\boldsymbol{e}(\boldsymbol{x}) \tag{6-9}$$

LM 算法是其中一种改进形式，即

$$\boldsymbol{x} = -[\boldsymbol{J}^{\mathrm{T}}(\boldsymbol{x})\boldsymbol{J}(\boldsymbol{x}) + m\boldsymbol{I}]^{-1}\boldsymbol{J}(\boldsymbol{x})\boldsymbol{e}(\boldsymbol{x}) \tag{6-10}$$

式中，比例系数 $m>0$ 为常数，在这种方法中，m 是自适应调整的；$\boldsymbol{I}$ 为单位矩阵。

由式（6-10）可以看出，比例系数 m 确定了学习是根据牛顿法还是梯度法来完成，如果 $m=0$，则为高斯—牛顿法；如果 m 取值很大，则 LM 算法接近于梯度下降法，每迭代成功一步，m 则减小一些，这样在接近误差目标的时候，逐渐与高斯 - 牛顿法相似。高斯 - 牛顿法在接近误差的最小值时，计算速度更快，精度也更高。由于 LM 算法利用了近似的二阶导数信息，它比梯度下降法快得多，而且算法稳定。实践证明，采用 LM 算法可以比原来的梯度下降法提高速度几十甚至上百倍。

另外由于 $[\boldsymbol{J}^{\mathrm{T}}(\boldsymbol{x})\boldsymbol{J}(\boldsymbol{x}) + m\boldsymbol{I}]$ 总是正定的，所以方程的解总是存在的。从这个意义上说，

LM 算法也优于高斯 - 牛顿法，因为对于高斯 - 牛顿法来说，$\boldsymbol{J}^{\mathrm{T}}(\boldsymbol{x})\boldsymbol{J}(\boldsymbol{x})$是否满秩，还是个潜在的问题。在实际的操作中，$m$ 是一个试探性的参数，对于给定的 m，如果求得的 $\boldsymbol{x}$ 能使误差指标函数 $E(\boldsymbol{x})$降低，则 m 降低；反之，m 增加。LM 算法的计算复杂度为 $O(n^3/6)$，n 为网络权值数目，当网络权值数目很大时，计算量与存储量都非常大。然而，每次迭代效率的显著提高，可大大改善其整体性能，特别是在精度要求高的时候。

6.5 基于 BP 神经网络的变压器故障诊断

电力设备运行中，70%左右的故障由变压器故障直接或间接引发。引发故障和事故的原因又是多方面的，如外力的破坏和影响，不可抗拒的自然灾害，安装、检修和维护中存在的问题及制造过程中遗留的设备缺陷等事故隐患。特别是电力变压器长期运行后造成的绝缘老化、材质劣化等，已成为发生故障的主要因素。故障诊断及维修涉及变压器的运行机理、故障发生和发展的机制、装置维护的现状、运行条件等诸方面因素，因而是一项复杂的并且技术含量很高的工作，具有非常重要的现实意义。

6.5.1 变压器常见故障类型

电力变压器常见故障粗略地可分为内部故障和外部故障两种。外部故障为变压器油箱外部绝缘套管及其引出线上发生的各种故障；电力变压器内部的故障类型主要有机械故障、过热故障和放电故障三种类型，并且以后两者为主，而且机械故障通常以过热或放电故障的形式表现出来。过热故障和高能放电故障是运行中变压器故障的主要类型，其次分别是过热故障兼高能放电故障、火花放电故障和受潮或局部放电故障。根据故障的原因及严重程度将变压器的典型故障分为六种，即局部放电、低能量放电、高能量放电、低温过热（一般低于300℃）、中温过热（一般为 300 ~ 700℃）、高温过热（一般高于 700℃）。而这些故障又可以合并为中低温过热、高温过热、低能量放电、高能量放电四种类型。

根据变压器故障诊断的要求及国内部分故障变压器色谱实际统计数据，提出两种输入 - 输出模式，通过训练与仿真的环节，对比确定出最适合的输入 - 输出模式与网络。而这两种模式所需要的 56 组数据训练的样本集（经过归一化处理后的数据见附录 A）见表 6-1。

表 6-1 神经网络训练样本集

	故障类型	氢气/μL	甲烷/μL	乙烷/μL	乙醛/μL	乙炔/μL	总烃/μL
1	无故障	46.17	11.37	33.12	8.52	0.62	53.63
2	无故障	41.88	33.51	14.55	8.76	0.54	57.36
3	无故障	33.46	29.32	32.99	27.78	2.55	92.64
4	无故障	46.81	35.98	8.45	7.49	0.31	52.23
5	低温过热	15.22	21.98	17.85	46.92	0	86.75
6	低温过热	0.89	43.88	27.04	27.98	0	98.9
7	低温过热	35.13	50.96	8.51	5.65	0	65.12

（续）

	故障类型	氢气/μL	甲烷/μL	乙烷/μL	乙醛/μL	乙炔/μL	总烃/μL
8	低温过热	37.98	30.95	7.87	23.01	0	61.83
9	高温过热	11.19	21.79	11.3	52.98	2.39	88.46
10	高温过热	0.95	16.01	12.89	68.41	0.96	98.27
11	高温过热	15.03	22.19	3.26	57.96	1.03	84.44
12	高温过热	20.08	31.07	3.98	43.22	1.53	79.8
13	低能放电	58.01	18.66	4.68	8.62	9.78	41.74
14	低能放电	86.99	6.48	5.28	1.03	0	12.79
15	低能放电	85.86	6.98	4.51	2.56	0	14.05
16	低能放电	83.68	7.96	4.45	2.72	0.56	15.69
17	高能放电	20.23	16.96	1.69	24.74	34.52	77.91
18	高能放电	26.86	16.76	2.98	38.96	13.61	72.31
19	高能放电	43.92	24.41	6.62	23.91	0.54	55.48
20	高能放电	48.12	10.88	4.23	22.46	23.68	61.25
21	无故障	39.1837	24.4898	18.3673	11.4286	6.5306	60.8163
22	无故障	46.8085	36.8794	8.5106	7.5177	0.2837	53.1914
23	无故障	33.6634	2.9703	33.1683	27.7228	2.4752	66.3366
24	无故障	42.0168	33.6134	14.8459	8.9636	0.5602	57.9831
25	无故障	46.1321	11.5723	33.1447	8.522	0.6289	53.8679
26	低温过热	7.8105	30.4018	17.3722	43.3893	1.0262	92.1895
27	低温过热	32.7586	44.2529	10.9195	12.069	0	67.2414
28	低温过热	40.2597	25.1082	18.6147	16.0173	0	59.7402
29	低温过热	33.5617	33.5617	9.2295	23.4932	0.1538	66.4382
30	低温过热	0.9811	43.8318	26.7987	28.3884	0	99.0189
31	低温过热	38.1862	31.0263	7.8759	22.9117	0	61.8139
32	低温过热	24.0035	27.8	24.4228	30	0	82.2228
33	高温过热	16.746	16.5319	6.8744	57.3739	2.4738	83.254
34	高温过热	16.137	24.0087	10.1348	48.9029	0.8167	83.8631
35	高温过热	4.6875	10.8259	17.5223	66.9643	0	95.3125
36	高温过热	3.7648	26.8179	7.2202	61.8876	0.3094	96.2351
37	高温过热	18.6139	17.9724	6.6865	55.3628	1.3644	81.3861
38	高温过热	33.1101	39.033	4.5597	26.1399	0.1572	69.8898
39	高温过热	15.8933	21.8097	3.1903	58.1206	0.9861	84.1067
40	高温过热	15.9445	30.0131	4.9709	48.7713	0.3001	84.0554
41	高温过热	1.3802	6.1511	9.2081	76.6277	6.6329	98.6198
42	低能放电	34.6084	18.2149	14.3898	17.3042	15.4827	65.3916
43	低能放电	84.3327	8.0593	7.2211	0.3868	0	15.6672

（续）

	故障类型	氢气/μL	甲烷/μL	乙烷/μL	乙醛/μL	乙炔/μL	总烃/μL
44	低能放电	61.3944	10.8221	4.1623	10.4058	13.2154	38.6056
45	低能放电	57.9832	18.8655	4.6218	8.6555	9.8739	42.0167
46	低能放电	44.9775	11.0945	12.7436	2.6987	28.4858	55.0226
47	低能放电	87.2663	6.5004	5.1647	1.0686	0	12.7337
48	低能放电	89.9942	5.3479	1.9551	2.7027	0	10.0057
49	高能放电	30.4094	8.1412	0.7212	16.0032	44.725	69.5906
50	高能放电	17.0118	13.7574	3.0695	39.571	26.5902	82.9881
51	高能放电	62.3063	11.1903	1.8599	10.0123	14.6311	37.6936
52	高能放电	44.964	8.0935	1.0941	18.8849	26.9784	55.0509
53	高能放电	32.5967	15.4696	4.9724	38.674	8.2873	67.4033
54	高能放电	49.7696	8.4485	2.1505	19.3548	20.2765	50.2303
55	高能放电	44.7927	17.4924	3.64	23.5592	10.5157	55.2073
56	高能放电	23.0233	12.0046	10.0593	12	61.8213	95.8852

故障诊断中利用变压器油中的气体氢气、甲烷、乙烷、乙醛、乙炔来判断变压器发生的故障。选取所给的训练样本集中氢气、甲烷、乙烷、乙醛、乙炔五组数据进行归一化处理后（具体的 MATLAB 子程序代码见附录 A），将各气体含量占 5 种气体含量的综合百分比作为神经网络的输入。输出向量采用正常（O1）、中低温过热（O2）、高温过热（O3）、低能量放电（O4）、高能量放电（O5）5 个输出神经元。即无故障（10000）、低温过热（01000）、高温过热（00100）、低能量放电（00010）和高能量放电（00001）。这里，低能量放电一般指局部和比较微弱的火花放电，高能量放电一般指电弧和比较强烈的火花放电。

6.5.2 网络的训练与仿真

用上小节给出的训练样本集对已确定好各层节点数的网络结构进行训练，并选择 25 组数据作为测试样本（具体的 MATLAB 子程序代码见附录 B）。为了进一步减少网络陷入局部最小值的情况发生，在程序设计中加入了循环函数，使其在每一组参数下均运行 10 次，再取 10 组结果中最理想的参数作为最终参考值，并将其默认为全局的最小值。表 6-2 列出了这种模型的测试样本集（同样需要归一化处理）与对应的神经网络故障的诊断结果。

表 6-2　测试样本与诊断结果

	氢气/μL	甲烷/μL	乙烷/μL	乙醛/μL	乙炔/μL	实际故障	神经网络诊断故障
1	7.3	5.7	3.4	2.7	3.1	正常	正常
2	120	120	33	83	0.54	低温过热	低温过热
3	20.6	19.8	7.5	60.9	1.52	高温过热	高温过热
4	42	97	156	598	0	高温过热	高温过热
5	1563	93	34	46	0	低能放电	低能放电
6	200	47	15	115	129	高能放电	高能放电

（续）

	氢气/μL	甲烷/μL	乙烷/μL	乙醛/μL	乙炔/μL	实际故障	神经网络诊断故障
7	98	121	32	295	15	高温过热	高温过热
8	58	76	18	22	0	低温过热	低温过热
9	31.2	5.4	1.3	12.5	13.1	高能放电	高能放电
10	72	518	139	1200	5.8	高温过热	高温过热
11	46.13	11.57	33.14	8.52	0.63	正常	正常
12	38.19	31.03	7.88	22.91	0	低温过热	低温过热
13	0.96	15.79	12.3	70.25	0.71	高温过热	高温过热
14	56.98	10.48	1.28	13.57	17.68	高能放电	高能放电
15	44.48	50.36	4.62	0	0.55	低能放电	高温过热
16	42.02	33.61	14.85	8.96	0.56	正常	正常
17	11.3	21.84	11.3	53.1	2.46	高温过热	高温过热
18	46.81	36.88	8.51	7.52	0.28	正常	正常
19	0.98	43.83	26.8	28.39	0	低温过热	低温过热
20	44.11	24.55	6.66	24.14	0.54	高能放电	高能放电
21	87.27	6.5	5.16	1.07	0	低能放电	低能放电
22	15.33	22.18	17.78	44.71	0	低温过热	低温过热
23	57.98	18.87	4.62	8.66	9.87	低能放电	低能放电
24	20.07	31.02	3.83	43.8	1.28	高温过热	高温过热
25	20.39	17.18	1.77	24.72	35.96	高能放电	高能放电

另外值得一提的是，取10组特征样本对网络进行训练时，图6-4和图6-5分别为LM算法误差-训练次数变化曲线和性能指标。图6-4中横坐标为训练次数，纵坐标为误差函数$E(x)$。图6-4中实线为指定误差精度0.001。利用LM算法时，网络只需要训练25次就达到了理想误差精度0.001，并获得满意的诊断结果。

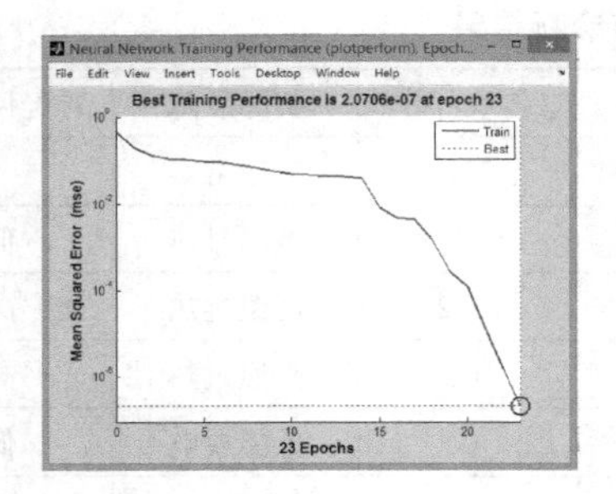

图6-4　LM算法的误差-训练次数变化曲线

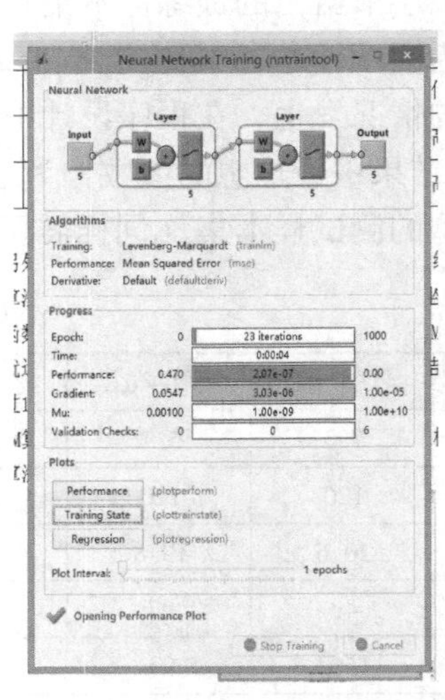

图6-5　LM算法训练的性能指标

6.6 本章小结

本章首先介绍了 BP 神经网络基本原理、网络各层节点数的确定和网络各层间激活函数的确定。而后，重点介绍了 BP 神经网络的 Levenberg – Marquardt 学习算法（简称 LM 算法）。最后给出了基于 BP 神经网络的变压器故障诊断实例，详细讲解了网络的训练和测试。

习题

1. 什么是神经网络？神经网络的基本结构是什么？
2. 网络的各层节点是如何确定的？
3. 神经网络的类型有哪些？
4. 网络各层间激活函数有哪些？
5. 利用 MATLAB 提供的 BP 神经网络相关函数，设计一个三层 BP 神经网络，并训练它来识别 A、B、C、D、E、F。这 6 个十六进制数已经被数字化了，对应每个数字有一个 5 × 3 的布尔量网络，即：

A(0 1 0,1 0 1, 1 0 1, 1 1 1, 1 0 1)
B(1 1 1,1 0 1, 1 1 0, 1 0 1, 1 1 1)
C(1 1 1,1 0 0, 1 0 0, 1 0 0, 1 1 1)
D(1 1 0,1 0 1, 1 0 1, 1 0 1, 1 1 0)
E(1 1 1,1 0 0, 1 1 0, 1 0 0, 1 1 1)
F(1 1 1,1 0 0, 1 1 0, 1 0 0, 1 0 0)

程序结束运行后，记录网络参数和评估指标。

6. MATLAB 中，BP 神经网络中的学习函数有哪些？各有什么优点和缺点？
7. 设计一个基于 BP 神经网络的模式识别案例。

第7章　模式识别案例分析

7.1　电池表面划痕识别案例

物体的表面缺陷基本分为两类。一类是局部纹理的不规则性，这是表面检测应用中处理的主要问题；另一类是纹理或颜色的总体偏离，其中局部模式或纹理不能给出物体表面的奇异性。目前研究者常常忽略第二种缺陷，尤其当彩色图像获取系统广泛地应用在视觉检测领域中，所以本节将对局部不规则性缺陷的检测进行介绍。

通常，视觉检测过程分为纹理分析（或颜色分析）和模式分类。纹理分析主要包括特征表示、特征提取、数据认识和数据建模。模式分类主要包括模式表示、聚类分析和判别分析。视觉检测方法可以分为监督分类法和新检测法。如果能够轻易获取正常样本和有缺陷的样本，通常采用监督分类法；若目标物体的缺陷不能预测，并且无法得到所有缺陷的样本，则新检测法更可取。

纹理是识别缺陷的一种最重要的特征，它为识别和插补提供了重要的信息。事实上，缺陷检测本质上属于纹理分析问题。众多的研究者寻找具有类内变化范围大、类间变化范围小的特征，来更好地分离不同纹理。

目前，文献上出现的检测纹理的不规则性方法基本分为4类，分别为统计法、结构法、滤波法和模型法。

本节结合作者的科研工作，给出一个基于计算机视觉的表现缺陷检测实例。

在电池生产过程中，由于生产线的状况会受到随机噪声的影响，电池表面可能会出现划痕等缺陷。图7-1显示了含有缺陷的电池图像。

图7-1　含有缺陷的电池图像

在缺陷检测之前，需要对电池进行装盘。每盘电池为20个，以4行5列整齐摆放，待检测的每盘电池每次移动到摄像机下，它们的位置和角度都是不同的，旋转范围为$\boldsymbol{n} \cdot \boldsymbol{v}=0$。因此，在提取电池表面的划伤等缺陷之前，需要根据模板图像在目标图像中的匹配位置、角度等参数对检测模板图像进行图像配准。

结合电池图像的特点，本节设计了一种快速电池图像配准方法。首先用Sobel、Prewitt、Roberts、Log和Canny算子提取了电池图像的边缘。在此基础上，利用Hough变换去除了电池上其他字符和标志的边缘影响，从而正确提取电池图像最外部圆的边缘。然后在二值圆的边缘图像上获取有效边缘点，统计所有有效边缘点确定的圆心位置和对应的半径，取所有圆心位置和对应半径统计数据中的最大值作为电池的圆心位置和半径。再对二值后的电池图像进行区域提取，计算电池图像上所有区域的NMI值，并通过阈值法确定“十”字区域的中心。最后利用电池的圆心位置和“十”字区域的中心位置确定目标电池相对于模板电池的旋转角度，最终实现电池图像的配准。电池图像配准的整个流程如图 7-2 所示。

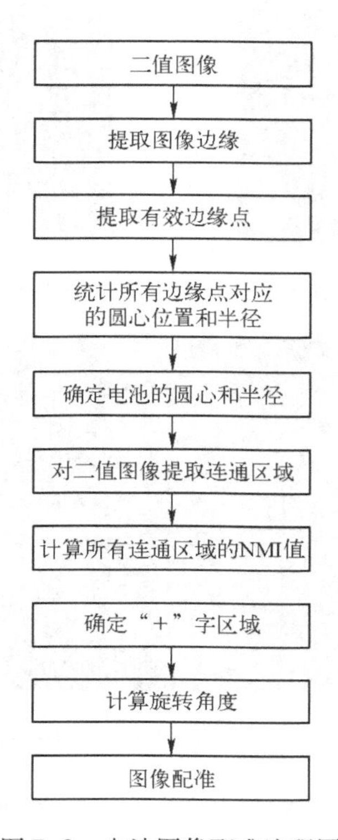

图 7-2　电池图像配准流程图

7.1.1　电池图像边缘提取

采用 Sobel、Prewitt、Roberts、Log 和 Canny 算子提取电池图像的边缘，检测结果分别如图 7-3 ~ 图 7-7 所示。

图 7-3　Sobel 算子检测边缘图

图 7-4　Prewitt 算子检测边缘图

图 7-5　Roberts 算子检测边缘图

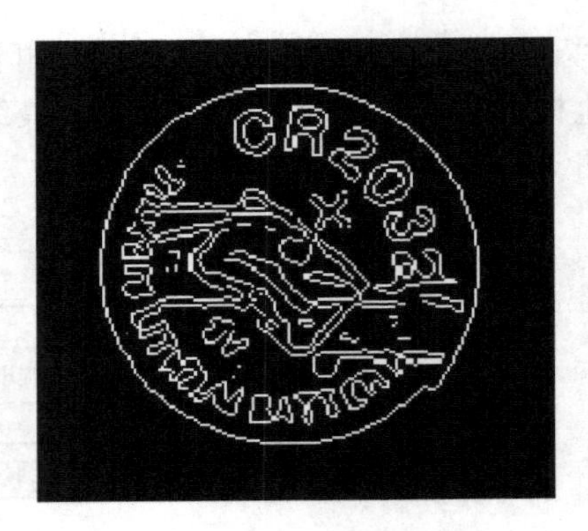

图 7-6　Log 算子检测边缘图

图 7-7　Canny 算子检测边缘图

由图 7-3 ~ 图 7-7 可以看出，在经过 Sobel 算子和 Prewitt 算子提取的边缘图像中，丢失了划痕等大量的有用信息，而且电池图像最外部圆的边界也发生了部分小的断裂。由图 7-5 可以看出，经过 Roberts 算子提取的边缘图像中，丢失了大量的电池图像最外部圆的边界等信息，由图 7-6 可以看出，经过 Log 算子提取的边缘图像中，很好地提取了电池图像最外部圆的边界等信息，与此同时，字符和标志等信息得到了很好地保留。由图 7-7 可以看出，经过 Canny 算子提取的边缘图像中，电池图像最外部圆的边界信息和电池上的划痕和字符发生了粘连。为了保证电池中心提取的精度，最终选择 Log 算子提取图像的边缘。

7.1.2　基于有效边缘点和 Hough 变换的电池圆心提取方法

1. 圆的 Hough 变换检测方法

圆的 Hough 变换的实质是将图像空间中属于同一个圆上的像素找出来。圆的解析曲线表示如下：

$$(x-a)^2+(y-b)^2=r^2 \tag{7-1}$$

式中，r 为半径；(a,b)为圆心坐标。

图 7-8 显示了图像空间中的一个圆在参数空间（a，b，r）中的表示。圆周上各个点对应了各个圆锥的集合。

圆的 Hough 变换算法的基本过程如图 7-9 所示。

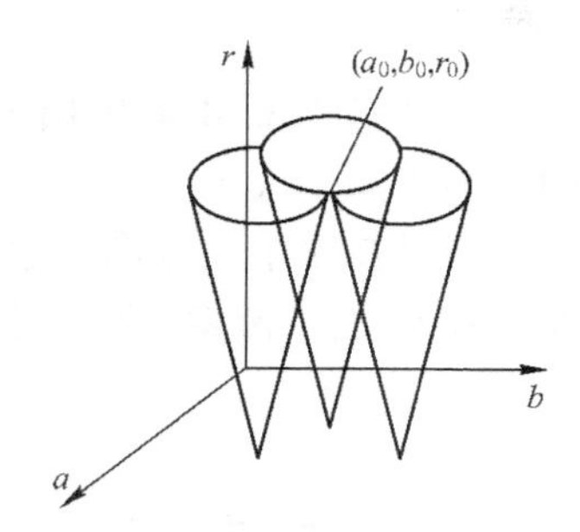

图7-8　图像空间中圆上的点在参数空间中的表示

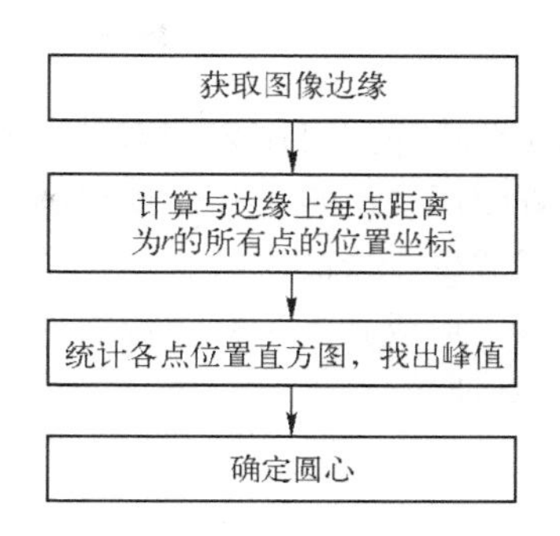

图 7-9　圆的 Hough 变换流程图

2. 有效边缘点和圆心的检测

由于上述 Hough 变换是在三维空间上进行数据的累加，所以算法的速度受到了限制。为了减少处理时间，对圆的方程可采用另一种形式。

圆可以表示为另一种形式，公式如下：

$$x^2+y^2+2ax+2by+c=0,\quad a^2+b^2>c \tag{7-2}$$

3 个非线性的点能确定一个圆，而且是唯一的圆。设图像空间的 3 个边缘点为(x_1,y_1)、(x_2,y_2)和(x_3,y_3)，将这三个点代入式（7-2），得到

$$\begin{cases}x_1^2+y_1^2+2ax_1+2by_1+c=0\\x_2^2+y_2^2+2ax_2+2by_2+c=0\\x_3^2+y_3^2+2ax_3+2by_3+c=0\end{cases} \tag{7-3}$$

$$D_1=\begin{pmatrix}-(x_1^2+y_1^2) & 2y_1 & 1\\-(x_2^2+y_2^2) & 2y_2 & 1\\-(x_3^2+y_3^2) & 2y_3 & 1\end{pmatrix} \tag{7-4}$$

$$D_2=\begin{pmatrix}2x_1 & -(x_1^2+y_1^2) & 1\\2x_2 & -(x_2^2+y_2^2) & 1\\2x_3 & -(x_3^2+y_3^2) & 1\end{pmatrix} \tag{7-5}$$

$$D_3=\begin{pmatrix}2x_1 & 2y_1 & -(x_1^2+y_1^2)\\2x_2 & 2y_2 & -(x_2^2+y_2^2)\\2x_3 & 2y_3 & -(x_3^2+y_3^2)\end{pmatrix} \tag{7-6}$$

$$D=\begin{pmatrix}2x_1 & 2y_1 & 1\\2x_2 & 2y_2 & 1\\2x_3 & 2y_3 & 1\end{pmatrix} \tag{7-7}$$

由上面几式可以求得 a、b、c，公式如下：

$$\begin{cases}a=D_1/D\\b=D_2/D\\c=D_3/D\end{cases} \tag{7-8}$$

圆方程可以写为$(x+a)^2+(y+b)^2=a^2+b^2-c$。可以看出圆心为$(-a,b)$，半径为$(a^2$

$+b^2-c)^{1/2}$。

每3个边缘点可用来计算可能的圆心和半径。因此，一个二维积累算子用来确定圆心，一维直方图用来确定半径。最终圆心和半径由对应阵列中最大频率决定。

为了减少变换的次数，不在整个边缘图像上作变换，而是在整个边缘图像上选择一些有效边缘点，形成新的边缘图像。对于一个圆上任意两个邻接的边缘像素，有4种位置关系，如图7-10所示。

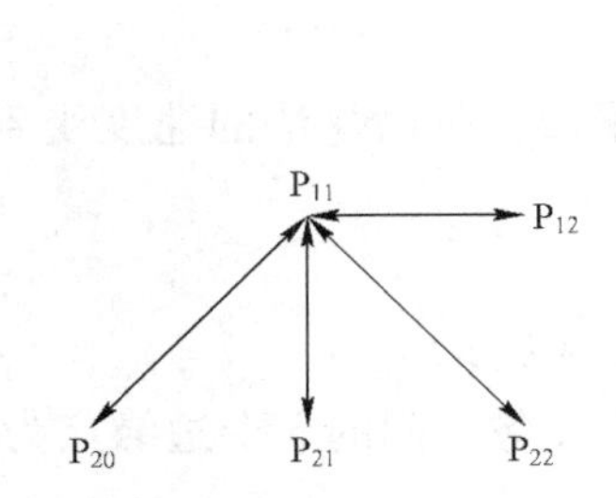

图7-10　边缘像素的4种位置关系

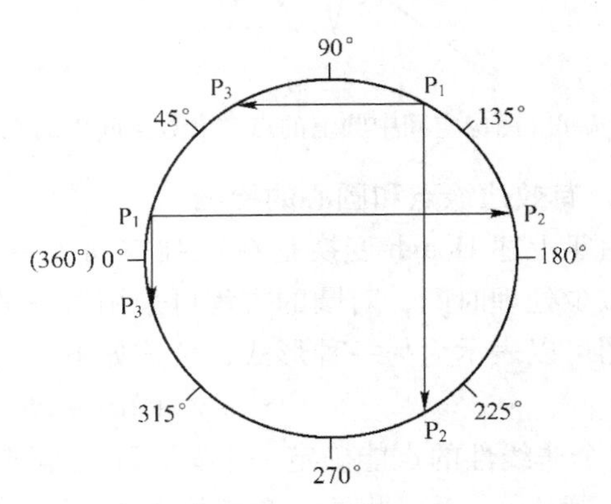

图7-11　算法示意图

它们之间的相对选择度可以定义如下：

$$rc=(\|e_i\|^2-\|e_j\|^2)/(\|e_i\|^2+\|e_j\|^2) \tag{7-9}$$

其中，e_i、e_j是第i、j边缘象素的梯度幅值。比较4对边缘像素对的rc值，则rc取值最小的边缘对就是边缘点。这样，可以获取有效边缘图像，减少了圆检测中Hough变换时的时空开销，满足了在线检测的需要。

然后，从新的有效边缘图像选择3个边缘点。选择原则是避免任意3点之间短路径，否则中心坐标不确定。

将一个圆分为8段，每段分别为西1，315°~360°；西2，0°~45°；北1，45°~90°；北2，90°~135°；东1，135°~180°；东2，180°~225°；南1，225°~270°；南2，270°~315°。第一个点起始于有效边缘图像的左上角，然后检查它的梯度方向角θ。若θ属于西1或西2，开始搜索第2个点，以第1个点为基准，从左向右扫描到边界点，此点即为第2个点。再以第1个点为基准，从下向上扫描到边界点，此点即为第3个点。算法如图7-11所示。

如果一组3个点不能满足在同一个圆上的条件，则认为其是噪声，不进行变换。算法移到下一个点。变换方程仅仅涉及3个边缘点坐标而不需要梯度方向信息。梯度方向信息不用来计算圆心坐标，仅仅用来指导选择第2个点和第3个点。因此，梯度方向即使有小的偏差，也不会影响圆心的定位。

最终，由用来确定圆心的二维积累算子和用来确定半径的一维直方图最大频率决定圆心和半径。

第一个电池的位置确定后，由于电池是整盘存放，它们之间的相对位置固定，所以其他电池的中心位置在第一个电池的中心位置上做简单的水平平移或垂直平移就可以获得。通过上述方法，可以获取整盒电池中每个电池的精确位置。

7.1.3 基于 NMI 特征和边缘特征电池图像配准算法

由于整盘电池摆放方向是任意的，为了克服电池摆放方向对电池表面缺陷检测的影响，在缺陷检测之前，需要对待检测电池图像进行配准，即求出待测图像与标准图像之间的坐标旋转角度 θ。并根据式（7–10）对待检测图像进行旋转。

$$\begin{cases} x' = x\cos\theta + y\sin\theta \\ y' = y\cos\theta + x\sin\theta \end{cases} \tag{7-10}$$

因而，电池图像配准的主要任务就是求出待测图像与标准图像的坐标旋转角度 θ。

首先，需要在字符、标志和划痕等背景下，确定电池“十”字区域的位置，然后根据“十”字中心和电池中心的位置，确定待测图像与标准图像的坐标旋转角度 θ，最终完成图像配准。

1. “十”字区域的检测

由于 NMI 算法简单、计算量小和具有很好的 RST（Rotation Shift Transform）不变性等优点，结合电池表面检测系统实时性的要求，选择 NMI 特征识别法进行“十”字区域识别。首先对目标二值图像图进行预处理，然后利用经典的深度优先搜索法获取电池图像中所有独立的连通区域，并对 100 幅具有不同旋转角度的电池图像的各个连通区域的 NMI 值进行统计，确定分割“十”字区域的最佳阈值，从而完成对目标电池图像“十”字区域识别。

（1）电池图像连通区域提取

电池图像分割后得到的区域中包含“十”字区域、字符区域和电池标志等多个彼此独立的物体。为了获得每一个区域，必须计算出分割后所得到的区域内包含的所有连通区域。

关于连通性的定义有如下两种：

1）4 连通。两个像素有共同的边缘，即如果一个像素在另一个像素的上方、下方、左侧或右侧，那么这两个像素属于一个区域，如图 7–12 所示。

2）8 连通。8 连通是 4 连通的扩展，将对角线上的相邻像素也包括进来，如图 7–13 所示。

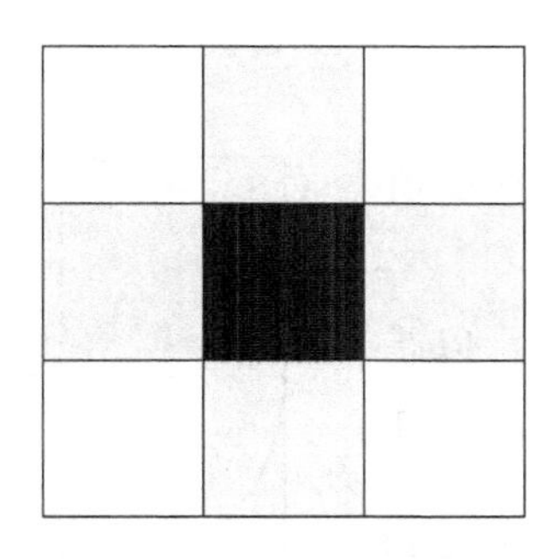

图 7–12　4 连通网格图

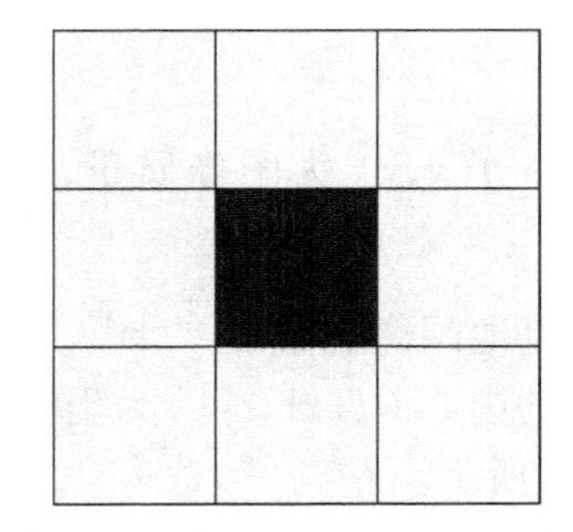

图 7–13　8 连通网格图

目前，连通区域标记法经常采用的方法主要有边界跟踪法、区域生长法和跟踪法。表 7–1 列出了这几种常用的标记法。

表 7-1　几种常用的连通区域标记法

名　称	缺　点
边界跟踪法	难以实现多轮廓跟踪和填充；对目标点距离很近且形状不规则的情况处理不理想
区域生长法	对区域形状的适应性不强
跟踪法	速度慢

区域标记法的核心内容在于标记的行程和顺序。在对国内外的区域标记法进行了深入研究后，本节采用经典的深度优先搜索法提取电池的连通区域。反复搜索第一个未被处理的行程，然后在与此行程相邻的上下两行中搜索与此行程交叠的所有行程。根据 8 连通定义，判断两个行程是否交叠。连通区域提取结果，如图 7-14 所示。

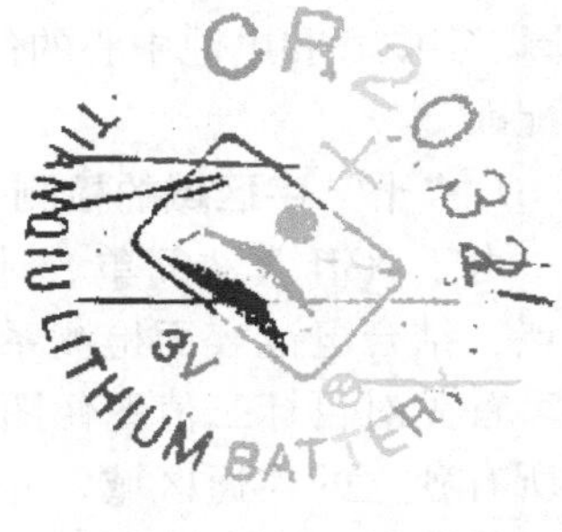

图中，不同颜色对应了不同的区域。从结果可以看出，“十”字区域得到了有效提取。

图 7-14　电池图像连通区域提取结果

(2)“十”字区域的 NMI 提取

设 $f(x,y)$ 为原始图像在第 x 行，第 y 列的灰度值图像 $f(x,y)$ 的重心 (cx,cy) 可定义如下：

$$cx = \left(\sum_{x=1}^{M}\sum_{y=1}^{N} xf(x,y)\right) \Big/ \left(\sum_{x=1}^{M}\sum_{y=1}^{N} f(x,y)\right) \quad (7-11)$$

$$cy = \left(\sum_{x=1}^{M}\sum_{y=1}^{N} yf(x,y)\right) \Big/ \left(\sum_{x=1}^{M}\sum_{y=1}^{N} f(x,y)\right) \quad (7-12)$$

图像的转动惯量定义如下：

$$\begin{aligned} J(cx,cy) &= \sum_{x=1}^{M}\sum_{y=1}^{N}[(x,y)-(cx,cy)]^2 f(x,y) \\ &= \sum_{x=1}^{M}\sum_{y=1}^{N}((x-cy)^2+(y-cy)^2)f(x,y) \end{aligned} \quad (7-13)$$

归一化转动惯量 NMI（Normalized Moment of Inertia）定义如下：

$$\mathrm{NMI} = \sqrt{J_{(cx,cy)}}/m = \sqrt{\sum_{x=1}^{M}\sum_{y=1}^{N}((x-cx)^2+(y-cy)^2 f(x,y) \Big/ \left(\sum_{x=1}^{M}\sum_{y=1}^{N} f(x,y)\right)} \quad (7-14)$$

式中，$m = \sum_{x=1}^{M}\sum_{y=1}^{N} f(x,y)$ 为图像质量，代表图像所有灰度值之和。

在 100 个电池图像上做了“十”字区域提取实验，以获取的电池图像的中心 $O(cx1,cy1)$ 为坐标原点，建立辅助坐标系，如图 7-15 所示。

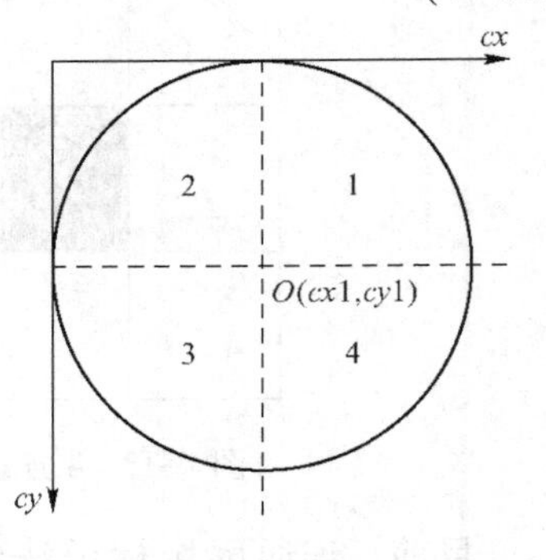

图 7-15　电池图像坐标示意图

设提取的“十”字区域中心坐标为 (cx, cy)，则判断“十”字区域所在的象限的规则如下：

1）若 $cx > cx1$ 且 $cy < cy1$，则“十”字区域位于第 1 象限。

2）若 $cx < cx1$ 且 $cy < cy1$，则“十”字区域位于第 2 象限。

3）若 $cx < cx1$ 且 $cy < cy1$，则"十"字区域位于第3象限。

4）若 $cx > cx1$ 且 $cy < cy1$，则"十"字区域位于第4象限。

表7-2～表7-5分别列出了"十"字区域在第1象限、第2象限、第3象限和第4象限对应的电池图像各个区域的NMI值。

表7-2 "十"字位于第1象限的电池图像各区域NMI值

区域标志	NMI	区域标志	NMI	区域标志	NMI	区域标志	NMI
1	1.0757	17	0.5605	33	0.6667	49	0.4330
2	0.7640	18	0.5438	34	0.6919	50	0.4357
3	0.6133	19	0.7515	35	0.4320	51	0.8368
4	0.7152	20	0.6140	36	0.7926	52	0.4593
5	0.9573	21	0.4041	37	1.2629	53	0.5453
6	0.7323	22	0.7168	38	0.5819	54	0.4330
7	0.7380	23	0.8084	39	0.6795	55	0.6659
8	0.6396	24	0.3849	40	0.5745	56	0.4190
9	0.7216	25	0.4873	41	0.7347	57	0.3849
10	0.5660	26	0.5023	42	0.6128	58	0.3536
11	0.3536	27	1.4015	43	0.3536	59	0.7769
12	0.3536	28	0.3536	44	0.4642	60	0.4685
13	0.4000	29	0.3849	45	1.0560	61	0.6826
14	0.7481	30	0.5637	46	0.5803		
15	0.6589	31	0.4899	47	0.3894		
16	1.1785	32	0.4048	48	0.7698		

表7-2中，标志为36的区域对应了电池的"十"字区域，其NMI值为0.7926，与之最接近的是标志为23的区域，对应了电池图像的"十"字区域旁边矩形框的横线，其NMI值为0.8084。其他字符、标志和划痕对应的NMI值与电池的"十"字区域的NMI值（0.7926）相差较大。

表7-3 "十"字位于第2象限的电池图像各区域NMI值

区域标志	NMI	区域标志	NMI	区域标志	NMI	区域标志	NMI
1	0.7174	17	0.8034	33	0.4856	49	0.3536
2	0.7426	18	0.7071	34	0.5815	50	0.5000
3	0.3967	19	0.7735	35	0.6218	51	0.7736
4	0.7288	20	0.8062	36	0.4000	52	0.5022
5	1.7024	21	0.4774	37	0.5564	53	0.3536
6	0.6708	22	0.8287	38	0.7498	54	0.4000
7	1.0958	23	0.4052	39	0.6525	55	0.5620
8	0.3536	24	0.7144	40	0.5995	56	0.6922

(续)

区域标志	NMI	区域标志	NMI	区域标志	NMI	区域标志	NMI
9	0.7323	25	0.3536	41	0.6636	57	0.4301
10	0.7713	26	0.4907	42	0.3909	58	0.6879
11	0.4506	27	0.6284	43	1.031	59	0.5840
12	0.6092	28	1.4055	44	0.5403	60	0.6112
13	0.8872	29	0.4146	45	0.4829	61	0.5214
14	0.4146	30	0.5623	46	0.3536		
15	0.7868	31	0.8452	47	0.4285		
16	0.4000	32	0.5687	48	1.2571		

表7-3中，标志为15的区域对应了电池的“十”字区域，其NMI值为0.7868，与之最接近的区域有17和20，其NMI值分别为0.8034和0.8062，对应了电池图像的“十”字区域旁边矩形框的横线和电池标志与划痕的连接区域。其他字符、标志和划痕对应的NMI值与电池的“十”字区域的NMI值（0.7868）相差较大。

表7-4 “十”字位于第3象限的电池图像各区域NMI值

区域标志	NMI	区域标志	NMI	区域标志	NMI	区域标志	NMI
1	0.5000	16	0.4921	31	0.4058	46	0.9566
2	0.7817	17	0.6679	32	0.8054	47	0.3909
3	0.8469	18	0.7879	33	0.6055	48	0.7276
4	0.6621	19	0.3536	34	0.5122	49	0.5659
5	0.7673	20	1.3995	35	0.6200	50	0.5573
6	0.7283	21	0.5800	36	0.4677	51	0.7477
7	0.5000	22	0.3903	37	1.0956	52	0.6558
8	0.5449	23	0.5779	38	0.6988	53	0.3536
9	1.2320	24	0.3536	39	0.9062	54	0.7547
10	0.4899	25	0.9044	40	0.3536	55	0.5696
11	0.3849	26	0.7210	41	0.5622	56	0.7517
12	0.5443	27	0.3536	42	0.7451	57	0.6246
13	0.4934	28	0.6088	43	0.4701	58	0.6117
14	1.0445	29	0.6251	44	0.5029	59	0.7546
15	0.4301	30	1.0758	45	0.6042	60	0.7310

表7-4中，标志为18的区域对应了电池的“十”字区域，其NMI值为0.7879，与之最接近的区域有2和32，其NMI值分别为0.7817和0.8054，对应了电池图像的“十”字区域旁边矩形框的横线和电池标志与划痕的连接区域。其他字符、标志和划痕对应的NMI值与电池的“十”字区域的NMI值（0.7879）相差较大。

表 7-5 “十”字位于第 4 象限的电池图像各区域 NMI 值

区域标志	NMI	区域标志	NMI	区域标志	NMI	区域标志	NMI
1	0.5409	17	0.5805	33	0.3536	49	0.7345
2	0.4990	18	0.6105	34	0.7395	50	0.8191
3	0.6680	19	1.4006	35	1.0528	51	0.4914
4	0.7434	20	1.0983	36	0.5000	52	0.8025
5	0.5722	21	0.7579	37	1.6868	53	0.4733
6	0.5702	22	0.5376	38	0.6300	54	0.8437
7	0.6901	23	0.5375	39	0.5885	55	0.4112
8	0.6445	24	0.4397	40	0.4067	56	0.4743
9	0.4829	25	0.3536	41	0.8962	57	0.7688
10	0.6821	26	0.8070	42	0.3536	58	0.7162
11	0.7252	27	0.6124	43	0.4656	59	0.7346
12	0.7187	28	0.3849	44	0.4146	60	0.6649
13	0.6116	29	0.3536	45	0.6612	61	0.5995
14	0.6230	30	0.3536	46	0.4714	62	0.3536
15	0.5559	31	0.4285	47	0.7672		
16	1.2596	32	0.4387	48	0.7260		

表 7-5 中，标志为 52 的区域对应了电池的“十”字区域，其 NMI 值为 0.8025，与之最接近的区域有 26 和 50，其 NMI 值分别为 0.8070 和 0.8191，对应了电池图像的“十”字区域旁边矩形框的横线和电池标志与划痕的连接区域。其他字符、标志和划痕对应的 NMI 值与电池的“十”字区域的 NMI 值（0.7879）相差较大。

根据以上的实验，本节选取模板电池图像“十”字区域的 NMI 值为 0.8000，目标电池的各个区域的 NMI 值与模板电池图像“十”字区域的 NMI 值（0.8000）的差值的计算公式如下：

$$\varepsilon = |x_1 - x_2| \tag{7-15}$$

式中，x_1 为模板“十”字区域的 NMI 的数值；x_2 为待测目标“十”字区域的 NMI 的数值。

表 7-6 列出了电池图像“十”字区域的 NMI 值、与电池图像“十”字区域的 NMI 值最接近的 2 个区域的 NMI 值。

表 7-6 具有不同旋转角度的电池图像的 NMI 值

“十”字所处象限	“十”字区域的 NMI	矩形框横线的 NMI	电池标志与划痕的连接区域的 NMI
模板	0.8000		
第 1 象限	0.7926	0.8084	
第 2 象限	0.7868	0.8034	0.8062
第 3 象限	0.7879	0.7817	0.8054
第 4 象限	0.8025	0.8070	0.8191

由式（7–15）可以计算目标电池图像“十”字区域的NMI值、矩形框横线的NMI值和电池标志与划痕的连接区域的NMI值分别与模板电池图像“十”字区域的NMI值的差值w_1，w_2，X_1，计算结果见表7–7。

表7–7　目标电池图像与模板电池图像“十”字区域的NMI值的差值

“十”字所处象限	w_1	w_2	X_1
第1象限	0.0074	0.0084	
第2象限	0.0132	0.0034	0.0062
第3象限	0.0121	0.0183	0.0054
第4象限	0.0025	0.0070	0.0191

由实验数据可以得出，NMI具有良好的旋转不变性。在表7–6中，当“十”字位于第1象限时，“十”字区域的NMI值取得最小值，在第2象限时，矩形框横线的NMI值取得最小值，在第3象限时，电池标志与划痕的连接区域的NMI值取得最小值，第4象限时，“十”字区域的NMI值取得最小值。因此，仅靠目标电池图像区域和模板电池图像“十”字区域的NMI值的最小差值是无法正确识别“十”字区域。通过大量的实验，得出电池图像“十”字区域的像素数约为190个，矩形框的横线区域的像素数约为40个，电池标志与划痕的连接区域的像素数约为500个。所以，设定当目标电池图像某个区域的NMI值与模板电池图像“十”字区域的NMI值的差值小于0.02时，同时该区域的面积在190左右，那么该区域就对应了电池的“十”字区域。

2. 图像配准算法

若“十”字区域处于不同的象限，则计算旋转角度的公式不同，具体规律见表7–8。

表7–8　象限与旋转角度关系规律

“十”字所处象限	旋转角度/(°)
第1象限	$180+\theta$
第2象限	$180-\theta$
第3象限	θ
第4象限	$360+\theta$

θ可定义为

$$\theta = 180 \times \left| a\tan\left(cx1 - cx\right) \right| / 3.1415926 \tag{7–16}$$

式中，$(cx1, cy1)$为电池图像的中心坐标；(cx, cy)为“十”字的中心坐标。

图像的旋转操作产生的像素可能在原图中找不到相应的像素点，这样就必须进行近似处理。一般的方法是直接复制为和它最近的像素值，也可以通过一些插值运算来计算。后者处理效果要好些，但是运算量也相应地增加很多。

在正反向映射的任一种情况下，插值的目的是要计算出位于一些像素值已知的点之间，且与这些已知点之间的距离也是已知的新的像素点的值。图像映射变换前、后示意图如图7–16所示。

由于(x_0, y_0)点不在整数坐标点上，因此需要根据相邻整数坐标点上灰度值来插值估算

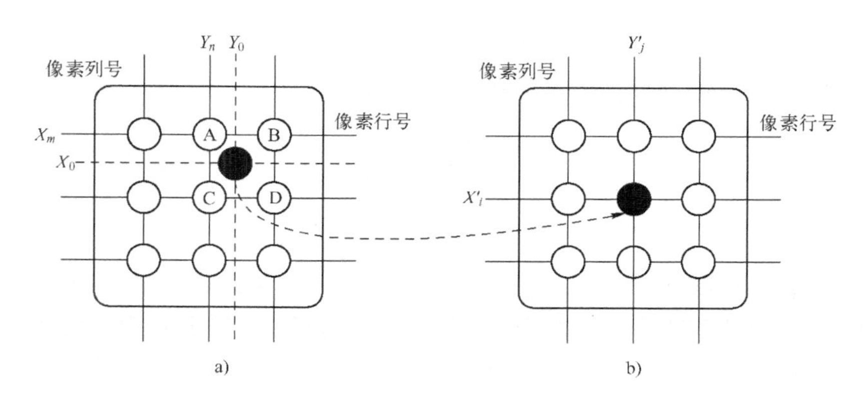

图 7-16　图像映射变换前、后示意图

a）原图像示意图　b）目标图像示意图

出该点的灰度值$f(x_0,y_0)$。围绕在待求点(x_0,y_0)周围的那些像素值已知的点称为待求点的邻域。邻域中离(x_0,y_0)最近的点对于(x_0,y_0)的值影响最大。离(x_0,y_0)越远，则对(x_0,y_0)的影响越小。线性插值假定邻域中的像素对(x_0,y_0)的值的影响与像素离(x_0,y_0)点的距离成反比。最近邻法、双线性插值法和三次内插法是典型的三种灰度插值方法，下面具体介绍：

（1）最近邻法

最近邻法的基本原理是：在图 7-16 中，假定目标图像区域如图 7-16b 所示。黑像素(x'_i,y'_i)是变换后生成的像素。对黑像素进行反向变换至原图像中（x_0，y_0）处，该点的坐标为分数，该位置周围由 A、B、C、D 四个原像素组成该点的邻域。最近邻取 A、B、C、D 四个原像素中距离（x_0，y_0）处的最近的一个作为图 7-16a 中黑色像素的位置。

在图 7-16a 中由于像素 A，即(x_m,y_n)离黑像素最近，所以目标图像中像素(x'_i,y'_j)的值可以被赋予像素 A 的值。

最近邻域插值法会出现锯齿状外观，其原因是最近邻域插值法将图像看成了一个分段常值函数，即落在整数坐标的矩形区域内的每个坐标都被赋值为同一个灰度值。这就导致了结果的不连续性，而这种结果的不连续性造成了锯齿状外观。

（2）双线性插值法

双线性插值方法是根据(x_0,y_0)点的四个邻点的灰度值，插值计算出$f(x_0,y_0)$值。具体计算过程如下：

1）根据$f(x_m,y_n)$及$f(x_m+1,y_n)$插值求$f(x_0,y_n)$，即

$$f(x_0,y_n)=f(x_m,y_n)+\alpha[f(x_m+1,y_n)-f(x_m,y_n)] \tag{7-17}$$

2）根据$f(x_m,y_n+1)$及$f(x_m+1,y_n+1)$插值求$f(x_0,y_n+1)$，即

$$f(x_0,y_n+1)=f(x_m,y_n+1)+\alpha[f(x_m+1,y_n+1)-f(x_m,y_n+1)] \tag{7-18}$$

式中

$$\alpha=x_0-x_m \tag{7-19}$$

3）根据$f(x_0,y_n)$及$f(x_0,y_n+1)$插值求$f(x_0,y_0)$，即

$$\begin{aligned} f(x_0,y_0)&=f(x_0,y_n)+\beta[f(x_0,y_n+1)-f(x_0,y_n)] \\ &=f(x_m,y_n)(1-\alpha)(1-\beta)+f(x_m+1,y_n)\alpha(1-\beta) \\ &\quad+f(x_m,y_n+1)(1-\alpha)\beta+f(x_m+1,y_n+1)\alpha\beta \end{aligned} \tag{7-20}$$

式中

$$\beta = y_0 - y_n \tag{7-21}$$

设「s ⌉表示不超过 s 的最大整数，则式（7-20）中

$$x_m = \lceil x_0 \rceil \tag{7-22}$$

$$y_n = \lceil y_0 \rceil \tag{7-23}$$

$$\alpha = x_0 - \lceil x_0 \rceil \tag{7-24}$$

$$\beta = y_0 - \lceil y_0 \rceil \tag{7-25}$$

上述 $f(x_0, y_0)$ 的计算过程，实际是根据 $f(x_m, y_n)$、$f(x_m+1, y_n)$、$f(x_m, y_n+1)$ 及 $f(x_m+1, y_n+1)$ 四个整数点的灰度值作两次线性插值（即所谓双线性插值）而得到的。上述 $f(x_0, y_0)$ 插值计算方程可改写为

$$\begin{aligned} f(x_0, y_0) = & [f(x_m+1, y_n) - f(x_m, y_n)]\alpha + [f(x_m, y_n+1) - f(x_m, y_n)]\beta \\ & + [f(x_m+1, y_n+1) + f(x_m, y_n) - f(x_m+1, y_n) - f(x_m, y_n+1)]\alpha \\ & + f(x_m, y_n) \end{aligned} \tag{7-26}$$

（3）三次内插法

三次内插法采用的插值函数为

$$c(x) = \begin{cases} 1 - 2|x|^2 + |x|^3, & 0 \leqslant |x| < 1 \\ 4 - 8|x| + 5|x|^2 - |x|^3, & 1 \leqslant |x| < 2 \\ 0, & 2 \leqslant |x| \end{cases} \tag{7-27}$$

三次内插法具体插值过程如下：

1）由 $f(x_m-1, y_n)$、$f(x_m, y_n)$、$f(x_m+1, y_n)$、$f(x_m+2, y_n)$，计算出 $f(x_0, y_n)$ 的值，即

$$\begin{aligned} f(x_0, y_n) = & c(1-x_0)f(x_m-1, y_n) + c(x_0)f(x_m, y_n) \\ & + c(1-x_0)f(x_m+1, y_n) + c(2-x_0)f(x_m+2, y_n) \end{aligned} \tag{7-28}$$

2）由 $f(x_m-1, y_n-1)$、$f(x_m+1, y_n-1)$、$f(x_m, y_n-1)$、$f(x_m+2, y_n-1)$，计算出 $f(x_0, y_n-1)$ 的值，即

$$\begin{aligned} f(x_0, y_n-1) = & c(1-x_0)f(x_m-1, y_n-1) + c(x_0)f(x_m, y_n-1) \\ & + c(1-x_0)f(x_m+1, y_n-1) + c(2-x_0)f(x_m+2, y_n-1) \end{aligned} \tag{7-29}$$

3）由 $f(x_m-1, y_n+1)$、$f(x_m, y_n+1)$、$f(x_m+1, y_n+1)$、$f(x_m+2, y_n+1)$ 计算出 $f(x_0, y_n+1)$ 的值，即

$$\begin{aligned} f(x_0, y_n+1) = & c(1-x_0)f(x_m-1, y_n+1) + c(x_0)f(x_m, y_n+1) \\ & + c(1-x_0)f(x_m+1, y_n+1) + c(2-x_0)f(x_m+2, y_n+1) \end{aligned} \tag{7-30}$$

4）由 $f(x_m-1, y_n+2)$、$f(x_m, y_n+2)$、$f(x_m+1, y_n+2)$、$f(x_m+2, y_n+2)$，计算出 $f(x_0, y_n+2)$ 的值，即

$$\begin{aligned} f(x_0, y_n+2) = & c(1-x_0)f(x_m-1, y_n+2) + c(x_0)f(x_m, y_n+2) \\ & + c(1-x_0)f(x_m+1, y_n+2) + c(2-x_0)f(x_m+2, y_n+2) \end{aligned} \tag{7-31}$$

5）由 $f(x_0, y_n+1)$、$f(x_0, y_n-1)$、$f(x_0, y_n+1)$、$f(x_0, y_n+2)$ 四个值，插值计算 $f(x_0, y_0)$ 的值，即

$$\begin{aligned} f(x_0, y_0) = & c(1+y_0)f(x_0, y_n-1) + c(x_0)f(x_0, y_n+2) \\ & + c(1-y_0)f(x_0, y_n+1) + c(2-y_0)f(x_0, y_n+2) \end{aligned} \tag{7-32}$$

即

$$f(x_0,y_0)=(A)(B)(C) \tag{7-33}$$

其中：

$$(A)=[c(1+x_0),c(x_0),c(1-x_0),c(2-x_0)] \tag{7-34}$$

$$(B)=\begin{pmatrix} f(x_m-1,y_n-1) & f(x_m-1,y_n) & f(x_m-1,y_n+1) & f(x_m-1,y_n+2) \\ f(x_m,y_n-1) & f(x_m,y_n) & f(x_m,y_n+1) & f(x_m,y_n+2) \\ f(x_m+1,y_n-1) & f(x_m+1,y_n) & f(x_m+1,y_n+1) & f(x_m+1,y_n+2) \\ f(x_m+2,y_n-1) & f(x_m+2,y_n) & f(x_m+2,y_n+1) & f(x_m+2,y_n+2) \end{pmatrix} \tag{7-35}$$

$$(C)=\begin{pmatrix} c(1+y_0) \\ c(y_0) \\ c(1-y_0) \\ c(2-y_0) \end{pmatrix} \tag{7-36}$$

图 7-17 ~ 图 7-20 分别显示了一幅经过二值化后的电池图像及其经过最近邻法、双线性插值法和三次内插法旋转后电池图像。

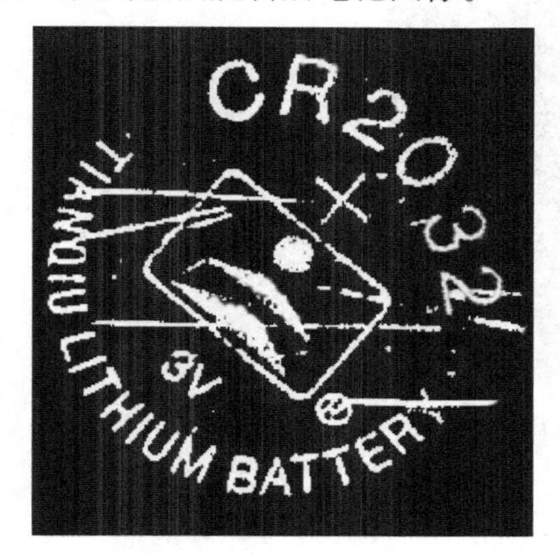

图 7-17　旋转前的图像图

图 7-18　最近邻法旋转后的图像

图 7-19　三次内插法旋转后的图像

图 7-20　双线性旋转后的图像

通过三种差值效果图的比较，可以看出三次内插法和双线性插值法比最近邻法插值效果好。三次内插法和双线性插值法插值效果相当，但是双线性插值法的计算速度优于三次内插法。

为了满足电池表面缺陷在线检测的要求，同时为了保证识别精度，本节对旋转后的图像最终采用了双线性插值法。

实验结果表明，整个图像配准的平均时间为 0.09 s。

7.1.4 划痕提取方法

通过差影法可以实现对图像上每个相应的像素点进行相减，这样便可以得到划痕图像。图 7-21 为经过形态学运算处理后作差影运算后的效果。

设模板图像为 $f(x,y)$，检测图像为 $g(x,y)$，划痕检测结果图像为 $d(x,y)$，则

$$d(x,y)=f(x,y)-g(x,y)$$

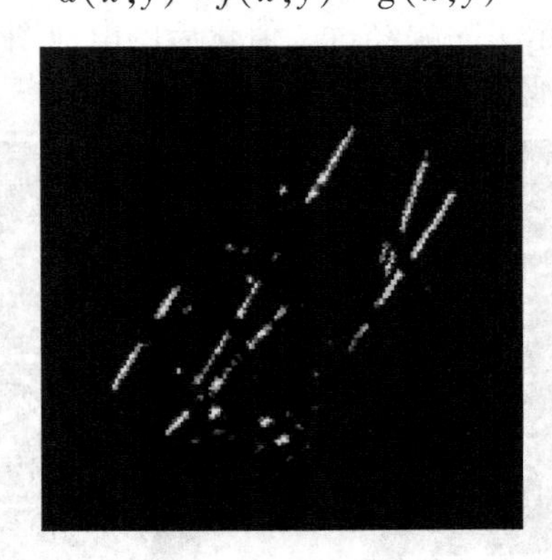

图 7-21　差影运算效果图

7.2 人脸识别案例

人脸识别是目前模式识别领域中被广泛研究的热门课题，它在安全领域以及经济领域都有极其广泛的应用前景。人脸识别就是采集人脸图像进行分析和处理，从人脸图像中获取有效的识别信息，用来进行人脸及身份鉴别的一门技术。本节在 MATLAB 环境下，取 ORL 人脸数据库的部分人脸样本集，基于 PCA 方法提取人脸特征，形成特征脸空间，然后将每个人脸样本投影到该空间得到一投影系数向量，该投影系数向量在一个低维空间表述了一个人脸样本，这样就得到了训练样本集。同时将另一部分 ORL 人脸数据库的人脸作同样处理得到测试样本集。然后基于 BP 神经网络算法和 K - 近邻算法的综合决策法对待识别的人脸进行分类，该方法的识别率比单独的 BP 神经网络算法和 K - 近邻法有一定的提高。

7.2.1 ORL 人脸数据库简介

实验的人脸图像取自英国剑桥大学的 ORL 人脸数据库，ORL 数据库由 40 个人组成，每个人有 10 幅不同的图像，每幅图像是一个 92 × 112 像素、256 级的灰度图，他们是在不同时间、不同光照、不同表情以及不同脸部细节下获取的。ORL 人脸库如图 7-22 所示。

图 7-22　ORL 人脸库

7.2.2　基于 PCA 的人脸图像的特征提取

PCA 法是模式识别中的一种行之有效的特征提取方法。在人脸识别研究中，可以将该方法用于人脸图像的特征提取。

一个 mn 的二维脸部图片将其按列首尾相连，可以看成是 mn 的一个一维向量。ORL 人脸数据库中每张人脸图像大小是 92×112，它可以看成是一个 10304 维的向量，也可以看成是一个 10304 维空间中一点。图像映射到这个巨大的空间后，由于人脸的构造相对来说比较接近，因此可以用一个相应的低维子空间来表示。我们把这个子空间叫做“脸空间”。PCA 的主要思想就是找到能够最好地说明图像在图像空间中的分布情况的那些向量，这些向量能够定义“脸空间”。每个向量的长度为 mn，描述一张 mn 的图像，并且是原始脸部图像的一个线性组合，称为“特征脸”。对于一副 mn 的人脸图像，将其每列相连构成一个大小为 $D=mn$ 维的列向量。D 就是人脸图像的维数，也即图像空间的维数。设 N 是训练样本的数目；$\boldsymbol{x}_j$表示第 j 幅人脸图像形成的人脸向量；$\boldsymbol{u}$ 为训练样本的平均图像向量，则所需样本的协方差矩阵为

$$\boldsymbol{S}_r=\sum_{j=1}^{N}(\boldsymbol{x}_j-\boldsymbol{u})(\boldsymbol{x}_i-\boldsymbol{u})^{\mathrm{T}} \tag{7-37}$$

$$\boldsymbol{u}=\left(\sum_{j=1}^{N}\boldsymbol{x}_j\right)/N \tag{7-38}$$

令 $\boldsymbol{A}=[\boldsymbol{x}_1-\boldsymbol{u}\quad \boldsymbol{x}_2-\boldsymbol{u}\quad \boldsymbol{x}_N-\boldsymbol{u}]$，则有$\boldsymbol{S}_r=\boldsymbol{A}\boldsymbol{A}^{\mathrm{T}}$，其维数为 $D\times D$。

根据 K－L 变换原理，需要求得的新坐标系由矩阵 $\boldsymbol{A}\boldsymbol{A}^{\mathrm{T}}$ 的非零特征值所对应的特征向量组成。直接计算的计算量比较大，所以采用奇异值分解（SVD）定理，来求解 $\boldsymbol{A}\boldsymbol{A}^{\mathrm{T}}$ 的特征值和特征向量。依据 SVD 定理，令 $l_i(i=1,2,\cdots,r)$ 为矩阵 $\boldsymbol{A}\boldsymbol{A}^{\mathrm{T}}$ 的 r 个非零特征值，$\boldsymbol{v}_i$ 为 $\boldsymbol{A}\boldsymbol{A}^{\mathrm{T}}$ 对应于 l_i 的特征向量。由于特征值越大，与之对应的特征向量对图像识别的贡献越大，为此将特征值按大小排列，依照式：

$$p=\min_k\left(\frac{\sum_{i=1}^{k} l_i}{\sum_{i=1}^{r} l_i}\right)\geqslant 0.9,\quad k\leqslant r \tag{7-39}$$

选取前 p 个特征值对应的特征向量，构成降维后的特征脸子空间。则 $\boldsymbol{A}\boldsymbol{A}^{\mathrm{T}}$ 的正交归一特征向量 $\boldsymbol{u}_i$ 为

$$\boldsymbol{u}_i=(\boldsymbol{A}\boldsymbol{v}_i)/\sqrt{l_i},\quad i=1,2,\cdots,p \tag{7-40}$$

特征脸空间为

$$\boldsymbol{W}=(\boldsymbol{u}_1,\boldsymbol{u}_2,\cdots,\boldsymbol{u}_p) \tag{7-41}$$

将训练样本 y 投影到“特征脸”空间 W，得到一组投影向量 $\boldsymbol{Y}=\boldsymbol{W}^{\mathrm{T}}\boldsymbol{y}$，构成人脸识别的训练样本数据库。

7.2.3 K－近邻算法

在识别时，先将每一幅待识别的人脸图像投影到“特征脸”空间，再利用 K－近邻分类器，比较其与库中 k 个人脸的位置，从而识别出该图像是库中哪个人的脸。本节中令 $k=3$，如果判断得到最短三个距离对应了三个类别（三个人），则取该人脸属于距离最短对应的人脸类别，此时相当于最近邻算法；其他情况按投票法判别，相当于 K－近邻算法。

7.2.4 BP 神经网络法

BP 神经网络的算法又称为误差反向传播算法，BP 神经网络具有良好的自适应性和分类识别等能力。BP 神经网络模型的结构如图 7-23 所示，它由输入层、隐含层和输出层组成。

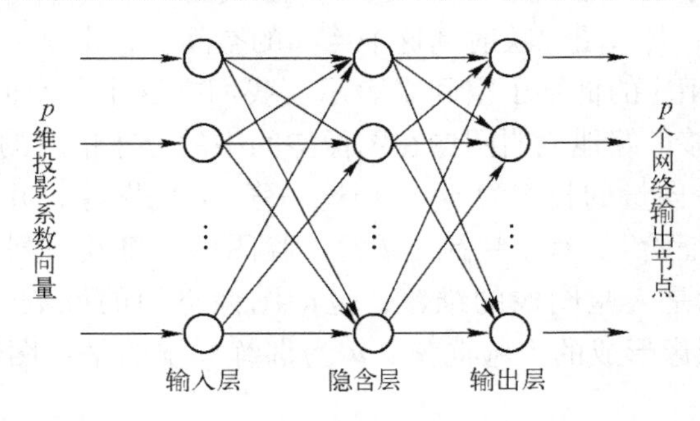

图 7-23　BP 网络结构图

对于 p 维投影系数，BP 网络的输入层需要 p 个节点，每一个投影系数对应 40 个人中某一个，若对应第 i 个人，则期望输出向量定义为

$$\boldsymbol{t}_{40\times 1}=(0,1,\cdots,0.2,0.9,0.1,\cdots,0.1)^{\mathrm{T}},\quad t[i,1]=0.9 \tag{7-42}$$

即第 i 行为0.9，其他均为0.1，故输出层需要40个节点，隐含层节点个数可根据经验公式获得。将测试样本输入该网络训练，得到训练好的网络后，可将测试样本输入网络得到输出值并进行判断。

7.2.5 基于BP神经网络法和K－近邻法的综合决策分类

K－近邻法分类是选择测试样本与样本空间最近的 k 个样本的类别而决策分类的；而BP神经网络法本质上是根据输入输出关系通过学习而确定一个非线性空间映射关系，在此映射关系下对每个输入得到一个输出，此输出根据网络输出的定义而确定类别。因此本节考虑将两种方法综合起来进行决策分类。

实际的实验过程中，K－近邻法得到的结果稳定，而BP网络法是一种次优算法，需要根据经验确定隐含层数目和训练算法。当网络比较小时，尚可通过不断实验得到一个较好的结果，如本实验的网络，其输入层节点 $p=71$，输出层节点 $c=40$，隐含层节点数至少要几十甚至上百个才能得到比较好的结果，因此不适合使用此法；而直接根据经验公式并不能得到满意的网络，有时网络的识别率甚至不及K－近邻分类法的识别率。经过分析BP网络法得到的输出结果发现，当输出向量 $t_{40\times1}$ 满足 $\max\{t(i,1)\}>\beta$ 时，分类正确；而 $\max\{t(i,1)\}<\beta$ 时，分类会出现错误。对出现 $\max\{t(i,1)\}<\beta$ 的所有样本使用K－近邻算法辅助分类，综合得到的结果为最终分类的结果。经实验证明，该方法分类正确率高于单一的K－近邻法和BP网络法，且结果比较稳定。

根据上述实验原理分析，该算法流程如下：

1）读入人脸库。每个人取前5张作为训练样本，后5张为测试样本，共40人，则训练样本和测试样本数分别为 $N=200$ 维。人脸图像为 92×112 维，按列相连就构成 $N=10304$ 维矢量 $\boldsymbol{x}_j$，$\boldsymbol{x}_j$ 可视为 N 维空间中的一个点。

2）构造平均脸和偏差矩阵。

平均脸：$\boldsymbol{u}=\left(\sum_{j=1}^{N}\boldsymbol{x}_j\right)/N$

偏差矩阵：$\boldsymbol{S}_r=\sum_{j=1}^{N}(\boldsymbol{x}_j-\boldsymbol{u})(\boldsymbol{x}_i-\boldsymbol{u})^{\mathrm{T}}=\boldsymbol{A}\boldsymbol{A}^{\mathrm{T}},\boldsymbol{A}=[\boldsymbol{x}_1-\boldsymbol{u}\quad \boldsymbol{x}_2-\boldsymbol{u}\quad \cdots\quad \boldsymbol{x}_N-\boldsymbol{u}]$

3）计算通过K－L变换的特征脸子空间。$\boldsymbol{A}$ 为 10304×200 矩阵，其自相关矩阵 $\boldsymbol{R}_{200\times200}=\boldsymbol{A}^{\mathrm{T}}\boldsymbol{A}$，计算得到矩阵的特征值 l_i，对应于 l_i 的特征向量为 $\boldsymbol{v}_i$。对特征值按大小降序排列，依照式（7-39），选取前 p（此实验 $p=71$）个特征值对应的特征向量，构成降维后的特征脸子空间。

$\boldsymbol{A}\boldsymbol{A}^{\mathrm{T}}$ 的正交归一特征向量 $\boldsymbol{u}_i$ 为

$$\boldsymbol{u}_i=(\boldsymbol{A}\boldsymbol{v}_i)/\sqrt{l_i},i=1,2,\cdots,p$$

特征脸空间为

$$\boldsymbol{W}_{10304\times71}=[\boldsymbol{u}_1,\boldsymbol{u}_2,\cdots,\boldsymbol{u}_p]$$

4）计算训练样本在特征脸子空间上的投影系数向量，生成训练集的人脸图像主分量 $allcoor_{200\times71}$。

5）计算测试样本在特征脸子空间上的投影系数向量，生成测试集的人脸图像主分量 $tcoor_{200\times71}$。

6）K－近邻算法分类。计算测试集的人脸图像主分量$tcoor_{200\times71}$与训练集的人脸图像主分量$allcoor_{200\times71}$的欧氏距离为

$$mdist(i,j)=\begin{pmatrix} \cdots & \cdots & \cdots \\ \cdots & \sqrt{\sum_{k=1}^{71}[(tcoor_{200\times71}(i,k)-allcoor_{200\times71}(j,k))]^2} & \cdots \\ \cdots & \cdots & \cdots \end{pmatrix}_{200\times200}$$

由此得出 200 个测试样本与 200 个训练样本的欧氏距离，根据 K－近邻算法决策分类。

7）BP 网络分类。200 个训练样本输入训练 BP 网络，然后将 200 个测试样本分别输入训练好的网络，对于每个输入$\boldsymbol{x}_j$，得到输出$\boldsymbol{t}_{40\times1}$，找出$k=\max\limits_i\{t(i,1)\}$，则该输入$\boldsymbol{x}_j$属于第$k$个人的脸。

8）BP 神经网络法和 K－近邻法的综合决策分类。对于第 7 步得到的输出$\boldsymbol{t}_{40\times1}$，给定一个阈值$\beta(\beta<0.5)$，若$\max\limits_i\{t(i,1)\}>\beta$，则类别为$k=\max\limits_i\{t(i,1)\}$，若$\max\limits_i\{t(i,1)\}<\beta$，对其输入$\boldsymbol{x}_j$使用 K－近邻算法分类。

7.2.6 实验的结果

1. K－近邻算法分类

取$k=3$，得到识别率 accuracy＝0.88，有 24 张照片分类错误。另外也得到了 71 张特征脸图像，图 7-24 为部分特征脸，图 7-25 为平均脸。

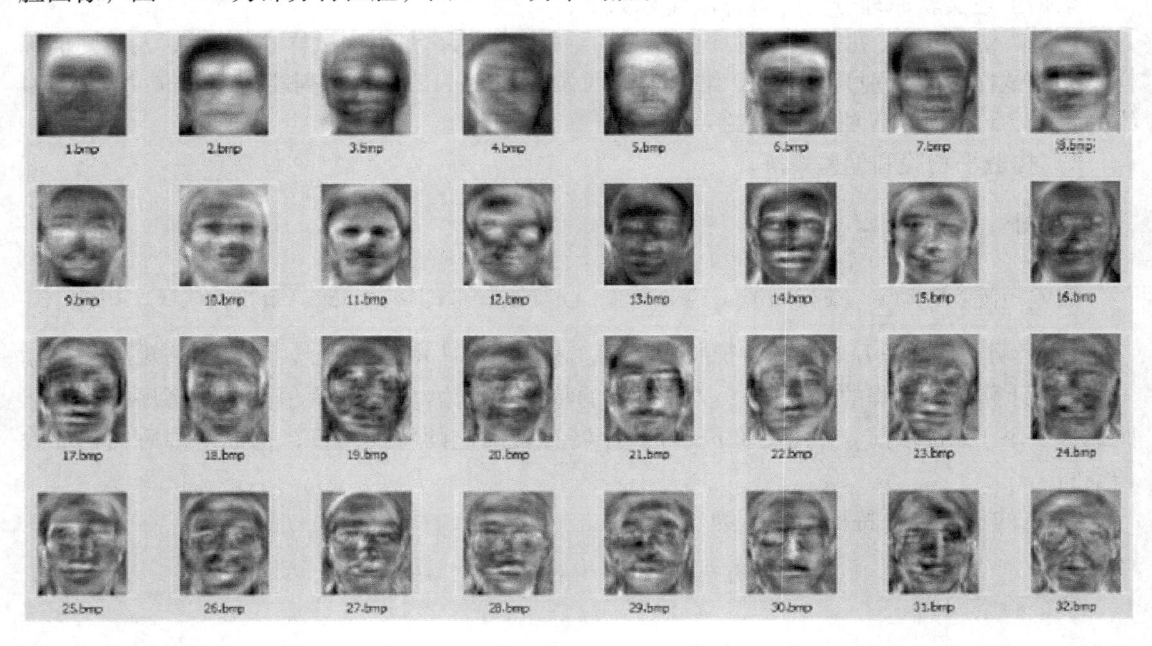

图 7-24　部分特征脸

取测试样本集的第 8 个人的第 10 张脸和第 37 个人的第 9 张脸，投影到特征脸空间得到系数，分别取特征脸空间的前 15、30、45、60、75 个特征脸，由此得到重构的人脸如图 7-26和图 7-27 所示。可以看到特征脸越多，重构出的人脸细节越丰富。另外，人脸朝向对重构图有较大影响，正面构图接近原图，偏向构图模糊。

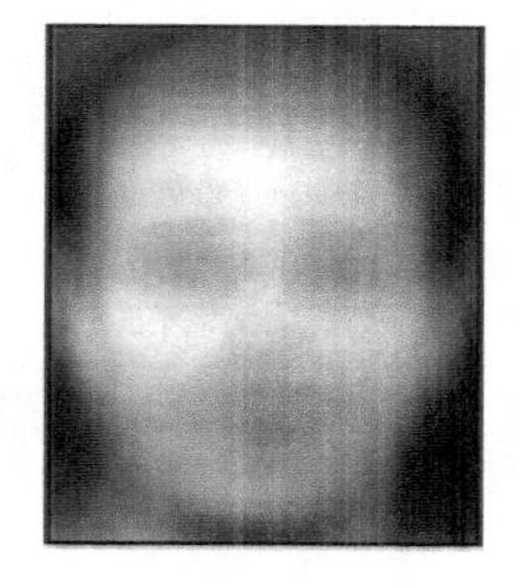

图 7-25　平均脸

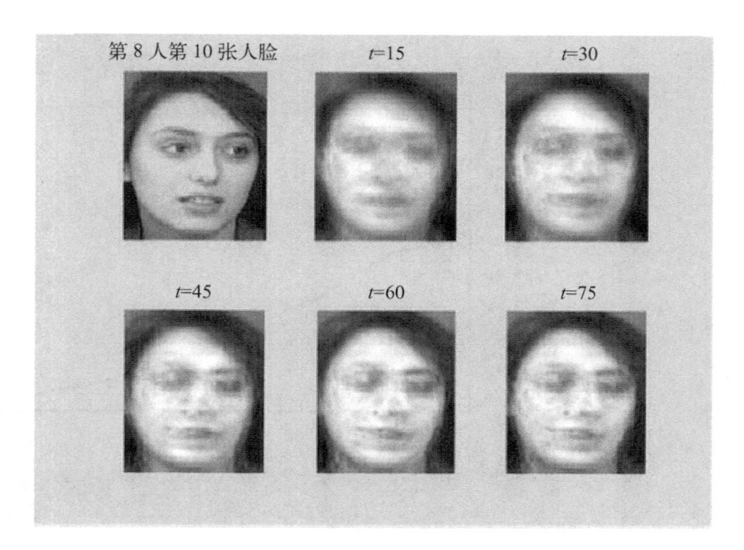

图 7-26　取不同数目特征脸空间得到的重构女人脸

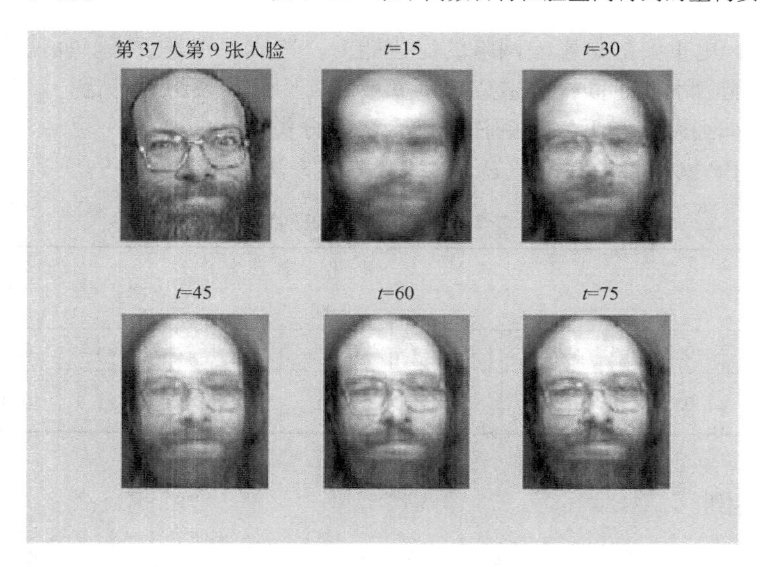

图 7-27　取不同数目特征脸空间得到的重构男人脸

2. BP 神经网络法分类

经过大量实验，选择网络参数如下：

```
net = newff( minmax( P) ,[ 100,40] ,{'tansig ''logsig '} ,'trainscg ') ;
net. trainparam. epochs = 5000;
net. trainparam. goal = 0. 0006;
```

即隐含层为 100 个节点，传输函数为 tansig 函数，输出层为 logsig 函数，网络训练算法为 Scaled Conjugate Gradient 算法。某次训练的网络学习性能如图 7-28 所示。

输入测试样本后，此 BP 网络识别率 accuracy = 0. 89。

在网络的训练过程中，并不是隐含层节点越多越好，误差限也不是越小越好，否则网络

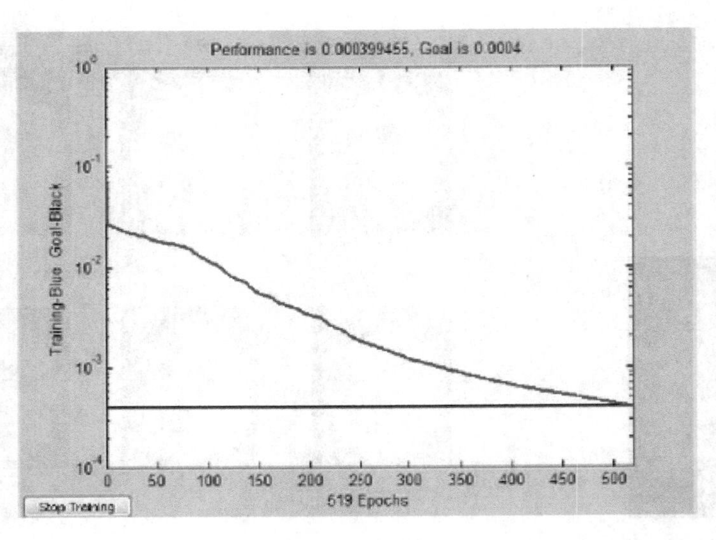

图 7-28　BP 网络学习性能图

的训练时间过长，更重要的是影响网络的泛化能力，造成识别率下降。而隐含层网络节点过少，网络的学习能力不佳，同样会造成识别率下降，因此需要综合考虑。

3. 基于 BP 神经网络和 K－近邻法的综合决策分类

设置不同的 BP 网络参数和阈值 β，该综合分类方法性能见表 7-9。

表 7-9　三种方法识别率

	识　别　率								
K－近邻法	0.88								
BP 网络法	0.84	0.855	0.85	0.865	0.87	0.88	0.88	0.885	0.89
BP 网络＋K－近邻法	0.905	0.895	0.905	0.895	0.90	0.90	0.91	0.905	0.905

7.2.7　简单实例

当前人脸识别最流行的方法就是稀疏表示方法（Sparse Represent），其主要思想是利用线性的或者非线性的表示方法将检查样本用训练样本表示出来，训练样本前的系数为代表比重，选取比重较大的训练样本所属的类来标记测试样本。这种方法在某些模式识别中效果较好，但是其原理并不明确，没有很好的理论基础，所以就方法的科学性而言相对欠缺。本节提出两步法，第一步利用所有训练样本来标示出测试样本，并提取 M 近邻训练样本；第二步利用第一步中提取的 M 近邻样本标出测试样本，选取代表比重大的训练样本所属的类来标记测试样本。

重点在于算法的实现上。算法中将实现分为两步，第一步用所有训练样本标示出测试样本，可以用 SVD 来计算出系数阵，但在这之前要通过 PCA 或者 LDA 方法将特征向量降维。

OpenCV 中 PCA 有现成的方法，具体代码如下：

```
#include <opencv2/core/core.hpp>
#include <opencv2/highgui/highgui.hpp>
```

```
#include <fstream>
#include <sstream>

using namespace cv;
using namespace std;

//将给出的图像回归为值域在0~255之间的正常图像
Mat norm_0_255(const Mat& src) {
    //构建返回图像矩阵
    Mat dst;
    switch(src.channels()) {
    case 1://根据图像通道情况选择不同的回归函数
        cv::normalize(src, dst, 0, 255, NORM_MINMAX, CV_8UC1);
        break;
    case 3:
        cv::normalize(src, dst, 0, 255, NORM_MINMAX, CV_8UC3);
        break;
    default:
        src.copyTo(dst);
        break;
    }
    return dst;
}

//将一幅图像的数据转换为Row Matrix中的一行;这样做是为了与OpenCV给出的PCA类的接口对应
//参数中最重要的就是第一个参数,表示的是训练图像样本集合
Mat asRowMatrix(const vector<Mat>& src, int rtype, double alpha = 1, double beta = 0) {
    //样本个数
    size_t n = src.size();
    //如果样本为空,返回空矩阵
    if(n == 0)
        return Mat();
    //样本的维度
    size_t d = src[0].total();
    //构建返回矩阵
    Mat data(n, d, rtype);
    //将图像数据复制到结果矩阵中
    for(int i = 0; i < n; i++) {
        //如果数据为空,抛出异常
        if(src[i].empty()) {
            string error_message = format("Image number %d was empty, please check your input data.", i);
            CV_Error(CV_StsBadArg, error_message);
        }
        //图像数据的维度要是d,保证可以复制到返回矩阵中
```

```
        if(src[i].total() != d) {
            string error_message = format("Wrong number of elements in matrix #%d! Expected %d
was %d.", i, d, src[i].total());
            CV_Error(CV_StsBadArg, error_message);
        }
        //获得返回矩阵中的当前行矩阵
        Mat xi = data.row(i);
        //将一幅图像映射到返回矩阵的一行中
        if(src[i].isContinuous()) {
            src[i].reshape(1, 1).convertTo(xi, rtype, alpha, beta);
        } else {
            src[i].clone().reshape(1, 1).convertTo(xi, rtype, alpha, beta);
        }
    }
    return data;
}

int main(int argc, const char *argv[]) {
    //训练图像集合
    vector<Mat> db;

    //本例中使用的是 ORL 人脸库,可以自行在网上下载
    //将数据读入到集合中

    db.push_back(imread("s1/1.pgm", IMREAD_GRAYSCALE));
    db.push_back(imread("s1/2.pgm", IMREAD_GRAYSCALE));
    db.push_back(imread("s1/3.pgm", IMREAD_GRAYSCALE));

    db.push_back(imread("s2/1.pgm", IMREAD_GRAYSCALE));
    db.push_back(imread("s2/2.pgm", IMREAD_GRAYSCALE));
    db.push_back(imread("s2/3.pgm", IMREAD_GRAYSCALE));

    db.push_back(imread("s3/1.pgm", IMREAD_GRAYSCALE));
    db.push_back(imread("s3/2.pgm", IMREAD_GRAYSCALE));
    db.push_back(imread("s3/3.pgm", IMREAD_GRAYSCALE));

    db.push_back(imread("s4/1.pgm", IMREAD_GRAYSCALE));
    db.push_back(imread("s4/2.pgm", IMREAD_GRAYSCALE));
    db.push_back(imread("s4/3.pgm", IMREAD_GRAYSCALE));

    //将训练数据读入到数据集合中,实现 PCA 类的接口
    Mat data = asRowMatrix(db, CV_32FC1);

    // PCA 中设定的主成分的维度,这里设置为 10 维度
    int num_components = 10;
```

```
    //构建一份 PCA 类
    PCA pca(data, Mat(), CV_PCA_DATA_AS_ROW, num_components);

    //复制 PCA 方法获得的结果
    Mat mean = pca.mean.clone();
    Mat eigenvalues = pca.eigenvalues.clone();
    Mat eigenvectors = pca.eigenvectors.clone();

    //平均脸
    imshow("avg", norm_0_255(mean.reshape(1, db[0].rows)));

    //前三个训练人物的特征脸
    imshow("pc1", norm_0_255(pca.eigenvectors.row(0)).reshape(1, db[0].rows));
    imshow("pc2", norm_0_255(pca.eigenvectors.row(1)).reshape(1, db[0].rows));
    imshow("pc3", norm_0_255(pca.eigenvectors.row(2)).reshape(1, db[0].rows));

    // Show the images
    waitKey(0);

    // Success
    return 0;
}
```

获得的结果如图 7-29 所示。

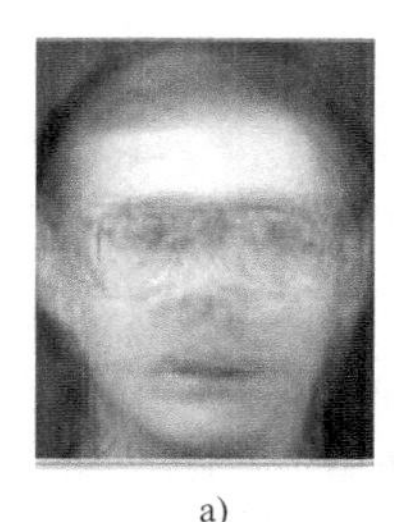

a)

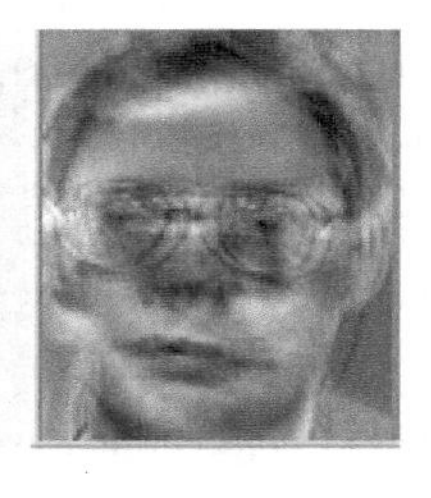

b)

图 7-29　结果图

a）平均脸　b）特征脸

我们已经可以获得 ORL 数据库中每个人物的 PCA 特征脸，下一步要研究的就是用训练样本表示出测试样本，从而找到 M 近邻样本。

基于 PCA 降维后的数据，用训练数据将测试数据表示出来，具体如下：

$$y = a_1 x_1 + \cdots + a_n x_n$$

接着通过误差判别式来找到 M 近邻（误差值越小说明该训练样本与测试样本的相似度越大），公式如下：

$$e_i = \| y - a_i x_i \|^2$$

以上就完成了两步法中的第一步，第二步中用 M 近邻样本将测试样本再次标出（实际上这里的本质还是稀疏表示的方法，但是改进之处是单纯的稀疏法中稀疏项不确定，两步法中通过第一步的误差筛选确定了贡献度较大的训练样本），公式如下：

$$y = b_1 \tilde{x}_1 + \cdots + b_M \tilde{x}_M$$

在 M 近邻中包含多个类的训练样本，我们要将每个类的训练样本累加起来，分别与测试样本进行误差对比，将测试样本判定给误差最小的类。其公式如下：

$$g_r = b_s \tilde{x}_s + \cdots + b_M \tilde{x}_M$$

$$D_r = \| y - g_r \|^2, \quad r \in C$$

具体代码如下：

```
#include <opencv2/core/core.hpp>
#include <opencv2/highgui/highgui.hpp>

#include <fstream>
#include <sstream>
#include <iostream>
#include <string>

using namespace cv;
using namespace std;

const double u = 0.01f;
const double v = 0.01f;//the global parameter
const int MNeighbor = 40;//the M nearest neighbors
// Number of components to keep for the PCA
const int num_components = 100;
//the M neighbor mats
vector<Mat> MneighborMat;
//the class index of M neighbor mats
vector<int> MneighborIndex;
//the number of object which used to training
const int Training_ObjectNum = 40;
//the number of image that each object used
const int Training_ImageNum = 7;
//the number of object used to testing
const int Test_ObjectNum = 40;
//the image number
```

```
const int Test_ImageNum = 3;

// Normalizes a given image into a value range between 0 and 255.
Mat norm_0_255(const Mat& src) {
    // Create and return normalized image:
    Mat dst;
    switch(src.channels()) {
    case 1:
        cv::normalize(src, dst, 0, 255, NORM_MINMAX, CV_8UC1);
        break;
    case 3:
        cv::normalize(src, dst, 0, 255, NORM_MINMAX, CV_8UC3);
        break;
    default:
        src.copyTo(dst);
        break;
    }
    return dst;
}

// Converts the images given in src into a row matrix.
Mat asRowMatrix(const vector<Mat>& src, int rtype, double alpha = 1, double beta = 0) {
    // Number of samples:
    size_t n = src.size();
    // Return empty matrix if no matrices given:
    if(n == 0)
        return Mat();
    // dimensionality of (reshaped) samples
    size_t d = src[0].total();
    // Create resulting data matrix:
    Mat data(n, d, rtype);
    // Now copy data:
    for(int i = 0; i < n; i++) {
        //
        if(src[i].empty()) {
            string error_message = format("Image number %d was empty, please check your input
            data.", i);
            CV_Error(CV_StsBadArg, error_message);
        }
        // Make sure data can be reshaped, throw a meaningful exception if not!
        if(src[i].total() != d) {
            string error_message = format("Wrong number of elements in matrix #%d! Expected %d
was %d.", i, d, src[i].total());
```

```
            CV_Error( CV_StsBadArg, error_message) ;
        }
        // Get a hold of the current row:
        Mat xi = data. row( i) ;
        // Make reshape happy by cloning for non - continuous matrices:
        if( src[ i]. isContinuous( ) ) {
            src[ i]. reshape( 1, 1). convertTo( xi, rtype, alpha, beta) ;
        } else {
            src[ i]. clone( ). reshape( 1, 1). convertTo( xi, rtype, alpha, beta) ;
        }
    }
    return data;
}

//convert int to string
string Int_String( int index)
{
    stringstream ss;
    ss << index;
    return ss. str( ) ;
}

////show the element of mat( used to test code)
//void showMat( Mat RainMat)
//{
//      for (int i = 0;i < RainMat. rows;i ++ )
//      {
//          for (int j = 0;j < RainMat. cols;j ++ )
//          {
//              cout << RainMat. at < float > (i,j) << "  " ;
//          }
//          cout << endl;
//      }
//}
//
////show the element of vector
//void showVector( vector < int >  index)
//{
//      for (int i = 0;i < index. size( ) ;i ++ )
//      {
//          cout << index[ i] << endl;
//      }
//}
```

```
//
//void showMatVector( vector < Mat >  neighbor)
//{
//      for ( int e = 0 ; e < neighbor. size( ) ; e ++ )
//      {
//          showMat( neighbor[ e ] ) ;
//      }
//}


//Training function


void Trainging( )
{
      // Holds some training images:
      vector < Mat >  db;

      // This is the path to where I stored the images, yours is different!
      for ( int i = 1 ; i < = Training_ObjectNum ; i ++ )
      {
          for ( int j = 1 ; j < = Training_ImageNum ; j ++ )
          {
              string filename = " s" + Int_String( i) + "/" + Int_String( j) + ". pgm" ;
              db. push_back( imread( filename, IMREAD_GRAYSCALE) ) ;
          }
      }

      // Build a matrix with the observations in row:
      Mat data = asRowMatrix( db, CV_32FC1 ) ;

      // Perform a PCA:
      PCA pca( data, Mat( ) , CV_PCA_DATA_AS_ROW, num_components) ;

      // And copy the PCA results:
      Mat mean = pca. mean. clone( ) ;
      Mat eigenvalues = pca. eigenvalues. clone( ) ;
      Mat eigenvectors = pca. eigenvectors. clone( ) ;

      // The mean face:
      //imshow( " avg" , norm_0_255( mean. reshape( 1, db[ 0 ]. rows) ) ) ;

      // The first three eigenfaces:
```

```
    //imshow("pc1", norm_0_255(pca.eigenvectors.row(0)).reshape(1, db[0].rows));
    //imshow("pc2", norm_0_255(pca.eigenvectors.row(1)).reshape(1, db[0].rows));
    //imshow("pc3", norm_0_255(pca.eigenvectors.row(2)).reshape(1, db[0].rows));

    ////get and save the training image information which decreased on dimensionality
    Mat mat_trans_eigen;
    Mat temp_data = data.clone();
    Mat temp_eigenvector = pca.eigenvectors.clone();
    gemm(temp_data,temp_eigenvector,1,NULL,0,mat_trans_eigen,CV_GEMM_B_T);

    //save the eigenvectors
    FileStorage fs(".\\eigenvector.xml", FileStorage::WRITE);
    fs << "eigenvector" << eigenvectors;
    fs << "TrainingSamples" << mat_trans_eigen;
    fs.release();
}

//Line combination of test sample used by training samples
//parameter:y stand for the test sample column vector;
//x stand for the training samples matrix
Mat LineCombination(Mat y,Mat x)
{
    //the number of training samples
    size_t col = x.cols;
    //the result mat
    Mat result = cvCreateMat(col,1,CV_32FC1);
    //the transposition of x and also work as a temp matrix
    Mat trans_x_mat = cvCreateMat(col,col,CV_32FC1);
    //construct the identity matrix
    Mat I = Mat::ones(col,col,CV_32FC1);

    //solve the Y = XA
    //result = x.inv(DECOMP_SVD);
        //result * = y;
    Mat temp = (x.t() * x + u * I);

    Mat temp_one = temp.inv(DECOMP_SVD);
    Mat temp_two = x.t() * y;
    result = temp_one * temp_two;

    return result;
}
```

```
//Error test
//parameter:y stand for the test sample column vector;
//x stand for the training samples matrix
//coeff stand for the coefficient of training samples
void   ErrorTest( Mat y, Mat x, Mat coeff)
{
    //the array store the coefficient
    map < double, int >  Efficient;

    //compute the error
    for ( int i = 0; i < x. cols; i ++ )
    {
        Mat temp = x. col( i ) ;
        double coefficient = coeff. at < float > ( i,0) ;
        temp = coefficient * temp;
        double e = norm( ( y - temp) , NORM_L2) ;
        Efficient[ e ] = i;//insert a new element
    }

    //select the minimum w col as the w nearest neighbors
    map < double, int > : : const_iterator map_it = Efficient. begin( ) ;
    int num = 0;
    //the map could sorted by the key one
    while ( map_it!  = Efficient. end( )  && num < MNeighbor)
    {
        MneighborMat. push_back( x. col( map_it - > second) ) ;
        MneighborIndex. push_back( map_it - > second) ;
         ++ map_it;
         ++ num;
    }

    //return MneighborMat;
}

//error test of two step
//parameter: MneighborMat store the class information of M nearest neighbor samples
int ErrorTest_Two( Mat y, Mat x, Mat coeff)
{
    int result;
    bool flag = true;
    double minimumerror;
    //
    map < int, vector < Mat >>  ErrorResult;
```

```
//count the class of M neighbor
for (int i =0;i <x.cols;i ++)
{
    //compare
    //Mat temp = x.col(i) == MneighborMat[i];
     //showMat(temp);
    //if (temp.at <float> (0,0) ==255)
    //{
        int classinf = MneighborIndex[i];
        double coefficient = coeff.at <float> (i,0);
        Mat temp = x.col(i);
        temp = coefficient * temp;
        ErrorResult[classinf/Training_ImageNum].push_back(temp);
    //}

}

//
map <int,vector <Mat>> ::const_iterator map_it = ErrorResult.begin();
while(map_it!  = ErrorResult.end())
{
    vector <Mat>  temp_mat = map_it - >second;
    int num = temp_mat.size();
    Mat temp_one;
    temp_one = Mat::zeros(temp_mat[0].rows,temp_mat[0].cols,CV_32FC1);
    while (num >0)
    {
        temp_one + =temp_mat[num -1];
        num --;
    }
    double e = norm((y - temp_one),NORM_L2);
    if (flag)
    {
        minimumerror = e;
        result = map_it - >first +1;
        flag = false;
    }
    if (e <minimumerror)
    {
        minimumerror = e;
        result = map_it - >first +1;
    }
```

```
            ++map_it;
        }
        return result;
}

//testing function
//parameter:y stand for the test sample column vector;
//x stand for the training samples matrix
int testing(Mat x,Mat y)
{
        // the class that test sample belongs to
        int classNum;

        //the first step: get the M nearest neighbors
        Mat coffecient = LineCombination(y.t(),x.t());

        //cout<<"the first step coffecient"<<endl;
        //showMat(coffecient);

        //map<Mat,int> MneighborMat = ErrorTest(y,x,coffecient);
        ErrorTest(y.t(),x.t(),coffecient);

        //cout<<"the M neighbor index"<<endl;
        //showVector(MneighborIndex);
        //cout<<"the M neighbor mats"<<endl;
        //showMatVector(MneighborMat);

        //the second step:
        //construct the W nearest neighbors mat
        int row = x.cols;//should be careful
        Mat temp(row,MNeighbor,CV_32FC1);
        for (int i=0;i<MneighborMat.size();i++)
        {
            Mat temp_x = temp.col(i);
            if (MneighborMat[i].isContinuous())
            {
                MneighborMat[i].convertTo(temp_x,CV_32FC1,1,0);
            }
            else
            {
                MneighborMat[i].clone().convertTo(temp_x,CV_32FC1,1,0);
            }
        }
```

```
    //cout << "the second step mat" << endl;
    //showMat(temp);

    Mat coffecient_two = LineCombination(y.t(),temp);

    //cout << "the second step coffecient" << endl;
    //showMat(coffecient_two);

    classNum = ErrorTest_Two(y.t(),temp,coffecient_two);
    return classNum;
}

int main(int argc, const char * argv[]) {
    //the number which test true
    int TrueNum = 0;
    //the Total sample which be tested
    int TotalNum = Test_ObjectNum * Test_ImageNum;

    //if there is the eigenvector.xml, it means we have got the training data and go to the testing stage
      directly;
    FileStorage fs(".\\eigenvector.xml", FileStorage::READ);
    if (fs.isOpened())
    {
        //if the eigenvector.xml file exist,read the mat data
        Mat mat_eigenvector;
        fs["eigenvector"] >> mat_eigenvector;
        Mat mat_Training;
        fs["TrainingSamples"] >> mat_Training;

        for (int i = 1;i <= Test_ObjectNum;i++)
        {
            int ClassTestNum = 0;
            for (int j = Training_ImageNum + 1;j <= Training_ImageNum + Test_ImageNum;j++)
            {
                string filename = "s" + Int_String(i) + "/" + Int_String(j) + ".pgm";
                Mat TestSample = imread(filename,IMREAD_GRAYSCALE);
                Mat TestSample_Row;
                TestSample.reshape(1,1).convertTo(TestSample_Row,CV_32FC1,1,0);//convert
                to row mat
                Mat De_deminsion_test;
                  gemm(TestSample_Row, mat_eigenvector, 1, NULL, 0, De_deminsion_test, CV_
GEMM_B_T);// get the test sample which decrease the dimensionality
```

```
                //cout << "the test sample" << endl;
                //showMat(De_deminsion_test.t());
                //cout << "the training samples" << endl;
                //showMat(mat_Training);

                int result = testing(mat_Training,De_deminsion_test);
                //cout << "the result is" << result << endl;
                if (result == i)
                {
                    TrueNum ++ ;
                    ClassTestNum ++ ;
                }
                MneighborIndex.clear();
                MneighborMat.clear();//及时清除空间
            }
            cout << "第" << Int_String(i) << "类测试正确的图片数：  " << Int_String(ClassT-
            estNum) << endl;
        }
        fs.release();
    }
    else
    {
        Trainging();
    }
    // Show the images:
    waitKey(0);

    // Success!
    return 0;
}
```

7.3 SIFT 算法提取特征点及特征点的匹配

1999 年，英国哥伦比亚大学计算机科学系教授 David. Love 总结了现有的基于不变量技术的特征检测方法，正式提出了一种基于尺度空间的，对图像平移、旋转、缩放，甚至仿射变换保持不变性的图像局部特征，以及基于该特征的描述符。并将这种方法命名为尺度不变特征变换（Scale Invariant Feature Transform），简称 SIFT 算法。

7.3.1 高斯尺度空间的极值检测

高斯卷积核是实现尺度变换的唯一变换核，并且是唯一的线性核，因此尺度空间理论的主要思想是利用高斯核对原始图像进行尺度变换，获得图像多尺度下的尺度空间表示序列，再对这些序列进行尺度空间特征提取。

一幅二维图像的尺度空间可由高斯函数与原图像卷积得到，定义如下：

$$L(x,y,\sigma)=G(x,y,\sigma)*I(x,y) \tag{7-43}$$

其中 $G(x,y,\sigma)$ 是尺度可变高斯函数，函数公式如下：

$$G(x,y,\sigma)=\mathrm{e}^{-(x^2+y^2)}/(2\sigma^2)/(2\pi\sigma^2) \tag{7-44}$$

(x,y) 是空间坐标，符号 $*$ 表示卷积，(x,y) 代表图像的像素位置，σ 是尺度空间因子，其值越小表示图像被平滑得越少，相应的尺度也就越小。大尺度对应于图像的概貌特征，小尺度对应于图像的细节特征。L 代表了图像所在的尺度空间，选择合适的尺度平滑因子是建立尺度空间的关键。

（1）建立高斯金字塔

将图像 $I(x,y)$ 与不同尺度因子下的高斯核函数 $G(x,y,\sigma)$ 进行卷积操作构建高斯金字塔。在构建高斯金字塔过程中要注意，第一阶第一层是放大两倍的原始图像，其目的是得到更多的特征点；在同一阶中相邻两层的尺度因子比例是 k，则第一阶第二层的尺度因子是 k，然后其他层以此类推即可；第二阶的第一层由第一阶的中间层抽样获得，其尺度因子是 k^2，然后第二阶的第二层的尺度因子是第一层的 k 倍即 k^3。第三阶的第一层由第二阶的中间层尺度图像进行子抽样获得。其他阶的构成以此类推，本次计算 k 值取 $\sqrt[3]{2}$。

（2）建立差分金字塔（DOG）

为了有效地在尺度空间检测到稳定的特征点，采用高斯差值方程同图像卷积得到差分尺度空间并求取极值。高斯差值方程用 $D(x,y,\sigma)$ 表示，公式如下：

$$D(x,y,\sigma)=(G(x,y,k\sigma)-G(x,y,\sigma))*I(x,y)=L(x,y,k\sigma)-L(x,y,\sigma)$$

每一阶相邻尺度空间的高斯图像相减就得到了高斯差分图像，即 DOG 图像。

（3）求取 DOG 极值

为了寻找尺度空间的极值点，每一个采样点要和它所有的相邻点比较，看其是否比它的图像域和尺度域的相邻点大或者小。如图 7-30 所示，中间的检测点和它同尺度的 8 个相邻点和上下相邻尺度对应的 9×2 个点共 26 个点比较，以确保在尺度空间和二维图像空间都检测到极值点。

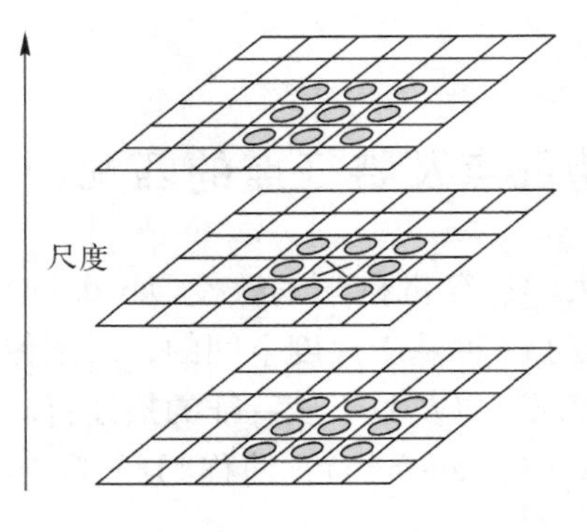

图 7-30　DOG 尺度空间局部极值比较

7.3.2 特征点位置的确定

由于 DOG 对噪声和边缘比较敏感，因此应当将候选特征点中低对比度及位于边缘的点过滤掉，以增强匹配稳定性和抗噪能力。

（1）滤去低对比度的特征点

将尺度空间函数按泰勒级数展开，公式如下：

$$\boldsymbol{D}(\boldsymbol{X}) = \boldsymbol{D} + \frac{\partial \boldsymbol{D}^{\mathrm{T}}}{\partial \boldsymbol{X}}\boldsymbol{X} + \left(\boldsymbol{X}^{\mathrm{T}}\frac{\partial^2 \boldsymbol{D}}{\partial \boldsymbol{X}^2}\boldsymbol{X}\right)/2 \tag{7-45}$$

式中

$$\boldsymbol{X} = (x, y, \sigma)^{\mathrm{T}},\quad \frac{\partial \boldsymbol{D}^{\mathrm{T}}}{\partial \boldsymbol{X}} = \begin{pmatrix} \frac{\partial \boldsymbol{D}}{\partial x} & \frac{\partial \boldsymbol{D}}{\partial y} & \frac{\partial \boldsymbol{D}}{\partial z} \end{pmatrix},\quad \frac{\partial^2 \boldsymbol{D}}{\partial \boldsymbol{X}^2} = \begin{pmatrix} \frac{\partial^2 \boldsymbol{D}}{\partial x^2} & \frac{\partial^2 \boldsymbol{D}}{\partial xy} & \frac{\partial^2 \boldsymbol{D}}{\partial \sigma} \\ \frac{\partial^2 D}{\partial yx} & \frac{\partial^2 \boldsymbol{D}}{\partial y^2} & \frac{\partial^2 D}{\partial y\sigma} \\ \frac{\partial^2 \boldsymbol{D}}{\partial \sigma x} & \frac{\partial^2 \boldsymbol{D}}{\partial \sigma y} & \frac{\partial^2 \boldsymbol{D}}{\partial \sigma^2} \end{pmatrix}$$

求导并令方程等于 0 可得到极值点，公式如下：

$$\hat{\boldsymbol{X}} = -\frac{\partial^2 \boldsymbol{D}^{-1}}{\partial \boldsymbol{X}^2}\frac{\partial \boldsymbol{D}}{\partial \boldsymbol{X}} \tag{7-46}$$

对应极值点，方程的值为

$$\boldsymbol{D}(\hat{\boldsymbol{X}}) = \boldsymbol{D} + \left(\frac{\partial \boldsymbol{D}^{\mathrm{T}}}{\partial \boldsymbol{X}}\hat{\boldsymbol{X}}\right)/2 \tag{7-47}$$

$\boldsymbol{D}(\hat{\boldsymbol{X}})$的值对于剔除低对比度的不稳定特征点十分有用，通常将$|\boldsymbol{D}(\hat{\boldsymbol{X}})| < 0.03$的极值点视为低对比度的不稳定特征点，进行剔除。同时，在此过程中获取了特征点的精确位置以及尺度。

（2）滤去边缘特征点

DOG 算子会产生较强的边缘响应，需要剔除不稳定的边缘响应点。获取特征点处的 Hessian 矩阵，主曲率通过一个 2×2 的 Hessian 矩阵 $\boldsymbol{H}$ 求出，矩阵如下：

$$\boldsymbol{H} = \begin{bmatrix} D_{xx} & D_{xy} \\ D_{xy} & D_{yy} \end{bmatrix} \tag{7-48}$$

$\boldsymbol{H}$ 的特征值 α 和 β 代表 x 和 y 方向的梯度，具体如下：

$$\begin{aligned} \mathrm{Tr}(\boldsymbol{H}) &= D_{xx} + D_{yy} = \alpha + \beta \\ \mathrm{Det}(\boldsymbol{H}) &= D_{xx}D_{yy} = \alpha\beta \end{aligned} \tag{7-49}$$

$\mathrm{Tr}(\boldsymbol{H})$表示矩阵 $\boldsymbol{H}$ 对角线元素之和，$\mathrm{Det}(\boldsymbol{H})$表示矩阵 $\boldsymbol{H}$ 的行列式。假设 α 是较大的特征值，而 β 是较小的特征值，令 $\alpha = r\beta$，则有下式：

$$\mathrm{Tr}(\boldsymbol{H})^2/\mathrm{Det}(\boldsymbol{H}) = (\alpha+\beta)^2/(\alpha\beta) = (r\beta+\beta)^2/(r\beta^2) = (r+1)^2/r \tag{7-50}$$

$$\boldsymbol{H} = \begin{bmatrix} D_{xx} & D_{xy} \\ D_{xy} & D_{yy} \end{bmatrix} \tag{7-51}$$

导数由采样点相邻差估计得到。

$\boldsymbol{D}$ 的主曲率和 $\boldsymbol{H}$ 的特征值成正比，令 α 为最大特征值，β 为最小的特征值，则式$(r +$

$1)^2/r$ 的值在两个特征值相等时最小，随着 r 的增大而增大。其值越大，说明两个特征值的比值越大，即在某一个方向的梯度值越大，而在另一个方向的梯度值越小，而边缘恰恰就是这种情况。所以为了剔除边缘响应点，需要使该比值小于一定的阈值，因此，为了检测主曲率是否在某阈值 r 下，只需检测 $\mathrm{Tr}(\boldsymbol{H})/\mathrm{Det}(\boldsymbol{H}) < (r+1)^2/r$，一般取 $r=10$。

7.3.3 特征点方向的确定

利用特征点邻域像素的梯度方向分布特性为每个特征点指定方向参数，从而使算子具备旋转不变性。(x,y) 处的梯度值和方向分别为

$$\begin{aligned} m(x,y) &= \sqrt{(L(x+1,y)-L(x-1,y))^2+(L(x,y+1)-L(x,y-1))^2} \\ \theta(x,y) &= \arctan((L(x,y+1)-L(x,y-1))/(L(x+1,y)-L(x-1,y))) \end{aligned} \tag{7-52}$$

式中，尺度 L 为每个关键点各自所在的尺度。

在以关键点为中心的邻域窗口内采样，并用直方图统计邻域像素的梯度方向。梯度直方图的范围是 0～360°，其中每 10°一个方向，总共 36 个方向。

直方图的峰值代表了该关键点处邻域梯度的主方向，即作为该关键点的方向。在计算方向直方图时，需要用一个参数 σ 等于关键点所在尺度 1.5 倍的高斯权重窗对方向直方图进行加权，图 7-31 中用圆形表示，中心处的权值最大，边缘处权值小，随着距中心点越远的领域其对直方图的贡献也相应减小，如图 7-31 所示，该示例中为了简化给出的 8 个方向的方向直方图计算结果，实际为采用 36 方向的直方图。

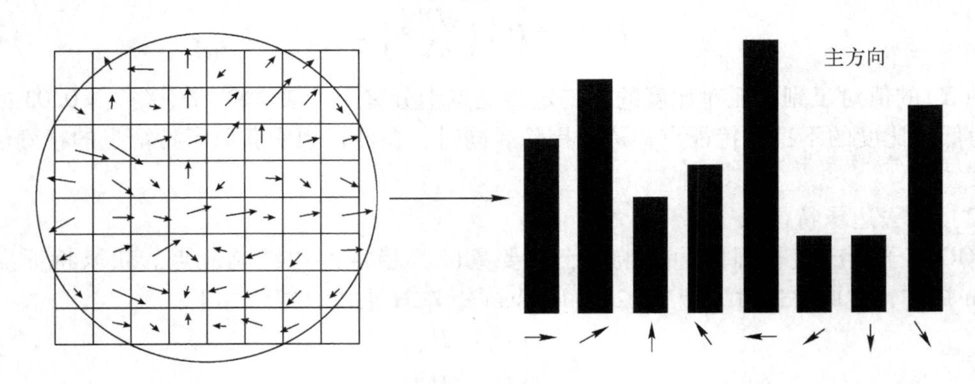

图 7-31　主梯度方向示意图

方向直方图的峰值代表了该特征点处邻域梯度的方向，以直方图中最大值作为该关键点的主方向。为了增强匹配的鲁棒性，只保留峰值大于主方向峰值 80% 的方向作为该关键点的辅方向。因此，对于同一梯度值的多个峰值的关键点位置，在相同位置和尺度将会有多个关键点被创建，但方向不同。仅有 15% 的关键点被赋予多个方向，但可以明显提高关键点匹配的稳定性。

至此，图像的关键点已检测完毕，每个关键点有三个信息：位置、所处尺度和方向。由此可以确定一个 SIFT 特征区域（在实验章节用椭圆或箭头表示）。

7.3.4 特征点描述子生成

通过以上步骤，对于每一个关键点，拥有三个信息：位置、尺度以及方向。接下来就是为每个关键点建立一个描述符，使其不随各种变化而改变，比如光照变化、视角变化等。并且描述符应该有较高的独特性，以便于提高特征点正确匹配的概率。

首先将坐标轴旋转为关键点的方向，以确保旋转不变性。

接下来以关键点为中心取 8×8 的窗口。图 7-32 左部分的中央黑点为当前关键点的位置，每个小格代表关键点邻域所在尺度空间的一个像素，箭头方向代表该像素的梯度方向，箭头长度代表梯度模值。

图中圆圈代表高斯加权的范围（越靠近关键点的像素，梯度方向信息贡献越大）。然后在每 4×4 的小块上计算 8 个方向的梯度方向直方图，绘制每个梯度方向的累加值，即可形成一个种子点，如图 7-32 右部分所示。此图中一个关键点由 2×2 共 4 个种子点组成，每个种子点有 8 个方向向量信息。这种邻域方向性信息联合的思想增强了算法抗噪声的能力，同时对于含有定位误差的特征匹配也提供了较好的容错性。

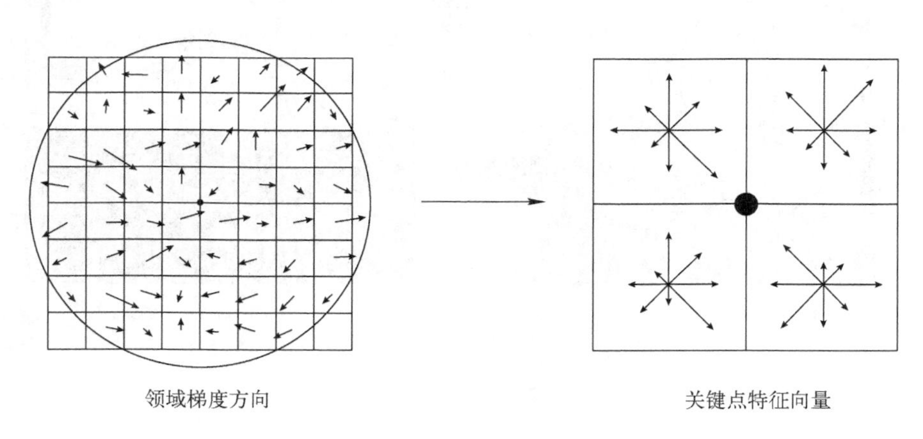

图 7-32 由关键点邻域梯度信息生成特征向量

实际计算过程中，为了增强匹配的稳健性，Lowe 建议对每个关键点使用 4×4 共 16 个种子点来描述，这样对于一个关键点就可以产生 128 个数据，即最终形成 128 维的 SIFT 特征向量。此时 SIFT 特征向量已经去除了尺度变化、旋转等几何变形因素的影响，再继续将特征向量的长度归一化，则可以进一步去除光照变化的影响。

SIFT 进行特征提取的 MATLAB 代码见附录 C，提取特征结果在后续特征匹配过程中一并标出。

7.3.5 SIFT 特征向量的匹配

1. 基于特征描述子夹角的初始匹配

当两幅图像的 SIFT 特征向量生成后，下一步采用关键点特征向量的欧氏距离来作为两幅图像中关键点的相似性判定度量。取图像 1 中的某个关键点，并找出其与图像 2 中欧氏距离最近的前两个关键点，在这两个关键点中，如果最近的距离除以次近的距离小于某个比例阈值，则接受这一对匹配点。降低这个比例阈值，SIFT 匹配点数目会减少，但更加稳定。

设特征描述子为 N 维，则两个特征点的特征描述子 d_i 和 d_j 之间的欧氏距离如下所示：

$$d(i,j)=\sqrt{\sum_{m=1}^{N}\left(d_i(m)-d_j(m)\right)^2} \tag{7-53}$$

匹配结果如图 7-33 所示，以直线连接对应匹配点。

图 7-33　SIFT 特征初始匹配结果

2. RANSAC 剔除无匹配点

RANSAC 是一种经典的去外点方法，可以利用特征点集的内在约束关系去除错误的匹配。其思想是：首先选择两个点，这两个点就确定了一条直线，将这条直线的一定距离范围内的点称为这条直线的支撑，随机选择重复次数，然后具有最大支撑集的直线被确定为此样本点集合的拟合，在拟合的距离范围内的点被称为内点，反之为外点。具体计算步骤如下：

1）重复 N 次随机采样。

2）随机选取不在同一直线上的 4 对匹配点，线性的计算变换矩阵 $\mathbf{H}$。

3）计算每个匹配点经过矩阵变换后到对应匹配点的距离。

4）设定一距离阈值 D，通过与阈值的比较，确定有多少匹配点与阈值一致，把满足 abs $(d)<D$ 的点作为内点，并在此内点集合中重新估计 $\mathbf{H}$。

去除无匹配结果如图 7-34 所示，以直线连接对应匹配点。

图 7-34　RANSAC 剔除误匹配点后的匹配结果

7.3.6　实现运动姿态的解算

根据图像从特征点匹配到摄像机运动信息恢复的思路，实现从无人机携带的摄像机图像信息的采集，到无人机位姿变换的求解过程，其流程如图 7-35 所示。

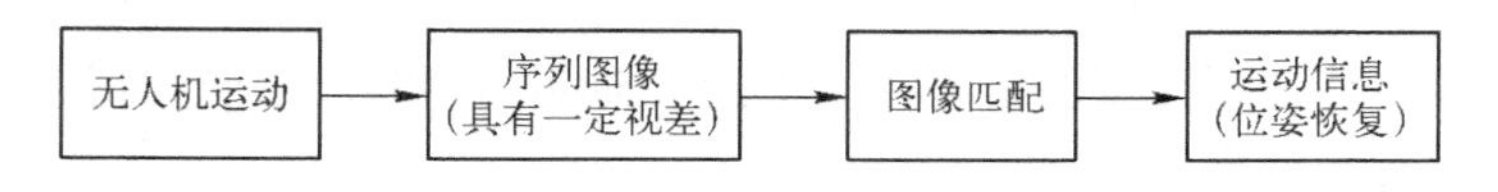

图 7-35　无人机位姿求解过程

为提高基础矩阵求解算法的可靠性、精确性，本节选用了鲁棒性较好的 RANSAC 算法辅助求解基础矩阵。

1. 基于 RANSAC 算法解算基础矩阵

在完成图像的特征点的匹配后，需要求解基础矩阵。求解基础矩阵通常有 7 点法、8 点法、迭代算法、LMedS 法和 RANSAC 等。根据其计算的鲁棒性及准确性，本节采用 RANSAC 计算基础矩阵。

利用 RANSAC 作为搜索引擎，基于 8 点法的解算思想求解基础矩阵，算法实现过程如下：

1）将基础矩阵 $\boldsymbol{F}$ 初始化为一个 3×3 的零矩阵。

2）将循环计数器 $\boldsymbol{n}$ 置为 0，$\boldsymbol{N}$ 为具体指定的循环次数。

3）当 $\boldsymbol{n}\leqslant\boldsymbol{N}$ 时执行以下循环：

① 从已匹配的点对中任意选取 8 对。

② 用这 8 对点根据 8 点法计算基础矩阵 $\boldsymbol{f}$。

③ 计算所有点对基础矩阵的适应度值。

如果 $\boldsymbol{f}$ 的适应度值大于 $\boldsymbol{F}$ 的适应度值，则用 $\boldsymbol{f}$ 替换 $\boldsymbol{F}$。对于算法循环中的每一次迭代都

按照 $N=\min(N,\log(1-p)/\log(1-r^8))$ 重新设置 N 的值，其中 p 表示指定的置信参数，r 按 $\sum_i^N(\mathrm{sgn}(du_i,v_i),t)/N$ 计算，其中 $\mathrm{sgn}(a,b)=\begin{cases}1, & a\leqslant b\\ 0, & \text{其他}\end{cases}$。$n=n+1$，重复上述循环

利用该算法求解出的基础矩阵为

$$
\boldsymbol{F}=\begin{pmatrix} 0.0000 & -0.0004 & 0.0348 \\ 0.0004 & 0.0000 & -0.0937 \\ -0.0425 & 0.0993 & 0.9892 \end{pmatrix}
$$

2. 运动载体的运动信息求解

利用 Camera Caliration Toolbox for Matlab 工具包进行摄像机内参标定的方法及标定过程。内参矩阵采用如下数据：

$$
\boldsymbol{K}=\begin{pmatrix} 657.3911 & 0 & 302.9807 \\ 0 & 657.7585 & 242.61551 \\ 0 & 0 & 1 \end{pmatrix}
$$

本书为简化运算，暂不考虑摄像机的畸变作用。求解本质矩阵公式如下：

$$
\boldsymbol{E}=\boldsymbol{K}'^{\mathrm{T}}\boldsymbol{F}\boldsymbol{K} \tag{7-54}
$$

$\boldsymbol{F}$ 是对几何代数表达的基础矩阵，它代表一个 3×3、秩为 2 的矩阵，独立于场景结构，与图像的对应点有关。

由本质矩阵通过 SVD 分解求解旋转矩阵 $\boldsymbol{R}$ 和位移向量 $\boldsymbol{t}$ 的理论可知，考虑到存在 $\boldsymbol{R}$ 的两个解及 $\boldsymbol{t}$ 的一个解，以及符号变换，共生成 8 个解。本节后续工作由于需要对外部特征点进行环境的构建，所以考虑采用实际物理成像的可实现性对解算结果进行剔除，即在前后两个摄像机坐标系中，特征点在摄像机坐标系下的 Z 轴值 Z_{ci} 和 Z'_{ci} 必同为正，由此给出判别载体运动状态矩阵的选择判据如下：

1）Z_{ci} 和 Z'_{ci} 同号，根据针孔模型的坐标变换 $\boldsymbol{R}(Z_{ci}\widetilde{m}_i)+\boldsymbol{T}=Z'_{ci}\widetilde{m}'_i$，两边同时叉乘 $\boldsymbol{t}_{3\times1}$，即可得 $z_{ci}(\boldsymbol{E}\,\widetilde{m}_i)=z'_{ci}(\boldsymbol{t}\,\widetilde{m}'_i)$，可知 $(\boldsymbol{t}\times m'_i)^{\mathrm{T}}(\boldsymbol{E}m_i)>0$。

2）Z_{ci} 和 Z'_{ci} 为正，即任意平面上正确匹配点对应的空间特征点，利用两视几何空间投影点关系进行 3 维重构，需满足 $Z_{ci}>0$，$Z'_{ci}>0$。

3）在利用上述两条件进行判断以后，通常还会留有两解，若解仍然不唯一，则可考虑序列图像连续变换的稳定性，通过求解出的角度、速度等实际物理变化约束对解算结果进行判断，保留唯一正确解。

通过该方法获得旋转矩阵 $\boldsymbol{R}$ 后，由于坐标变换具有不可逆性，按照先绕 Z 轴 ψ，再绕 X 轴 θ，最后绕 Y 轴 γ（单位°）的欧拉角变换，坐标转换矩阵可唯一确定如下：

$$
\begin{aligned}
\boldsymbol{C}_{c1}^{c2} &= \begin{pmatrix} \cos\gamma & 0 & -\sin\gamma \\ 0 & 1 & 0 \\ \sin\gamma & 0 & \cos\gamma \end{pmatrix}\begin{pmatrix} 1 & 0 & 0 \\ 0 & \cos\theta & \sin\theta \\ 0 & -\sin\theta & \cos\theta \end{pmatrix}\begin{pmatrix} \cos\psi & \sin\psi & 0 \\ -\sin\psi & \cos\psi & 0 \\ 0 & 0 & 1 \end{pmatrix} \\
&= \begin{pmatrix} \cos\gamma\cos\psi-\sin\gamma\sin\theta\sin\psi & \cos\gamma\sin\psi+\sin\gamma\sin\theta\cos\psi & -\sin\gamma\cos\theta \\ -\cos\theta\sin\psi & \cos\theta\cos\psi & \sin\theta \\ \sin\gamma+\cos\gamma\sin\theta\sin\psi & \sin\gamma\sin\psi-\cos\gamma\sin\theta\cos\psi & \cos\gamma\cos\theta \end{pmatrix} \\
&= \boldsymbol{R}
\end{aligned}
$$

通过反解上述公式即可求得摄像机运动的各姿态角变化。

在获得 ***R*** 的同时，也可以获得 ***t***，但是 ***t*** 描述的是各个轴向的运动比例关系。

3. SIFT 特征提取相关 MATLAB 代码

具体代码如下：

```
function [image,descriptors,locs] = sift(imageFile)

% Load image
image = imread(imageFile);

% If you have the Image Processing Toolbox,you can uncomment the following
%   lines to allow input of color images,which will be converted to grayscale.
% if isrgb(image)
%     image = rgb2gray(image);
% end

[rows,cols] = size(image);

% Convert into PGM imagefile,readable by "keypoints" executable
f = fopen('tmp.pgm','w');
if f == -1
    error('Could not create file tmp.pgm.');
end
fprintf(f,'P5\n%d\n%d\n255\n',cols,rows);
fwrite(f,image','uint8');
fclose(f);

% Call keypoints executable
if isunix
    command = '! ./sift';
else
    command = '! siftWin32';
end
command = [command '<tmp.pgm >tmp.key'];
eval(command);

% Open tmp.key and check its header
g = fopen('tmp.key','r');
if g == -1
    error('Could not open file tmp.key.');
end
[header,count] = fscanf(g,'%d %d',[1 2]);
if count ~= 2
    error('Invalid keypoint file beginning.');
```

```
end
num = header(1);
len = header(2);
if len ~ = 128
    error('Keypoint descriptor length invalid (should be 128).');
end

% Creates the two output matrices (use known size for efficiency)
locs = double(zeros(num,4));
descriptors = double(zeros(num,128));

% Parse tmp.key
for i = 1:num
    [vector,count] = fscanf(g,'%f %f %f %f',[1 4]);%row col scale ori
    if count ~ =4
        error('Invalid keypoint file format');
    end
    locs(i,:) = vector(1,:);

    [descrip,count] = fscanf(g,'%d',[1 len]);
    if (count ~ =128)
        error('Invalid keypoint file value.');
    end
    % Normalize each input vector to unit length
    descrip = descrip / sqrt(sum(descrip.^2));
    descriptors(i,:) = descrip(1,:);
end
fclose(g);
```

7.4 气泡识别案例

气液两相流广泛存在于工业生产过程中，如生物发酵、高分子聚合、工业废水处理和环境保护等。气液两相流的研究是多相流研究领域的一个重要分支。高速摄像作为一种现代图像获取技术，以其非接触、可视化的优势已被应用于两相流的实验研究中，并取得了一些进展。

7.4.1 两相流高速图像采集

1. 实验系统介绍

水平管道气液两相流实验在天津大学多相流实验室完成。为了便于流动状态的观测，用于实验测量部分的管道由水平放置的透明圆柱形有机玻璃制成，内径为 50 mm。实验装置如图 7-36 所示，实验管道总长 40 m，水流量和气流量的调节范围分别为 1.0 ~ 16 m^3/h、0.06 ~ 82.0 m^3/h，平均温度为 15.7℃。通过改变气路和水路调节阀的开度，可以获得泡状流、分层流、长塞流和短塞流等多种流型。多种传感器安装在实验管道的下游，使流型得到充分的发展，流动状态稳定。

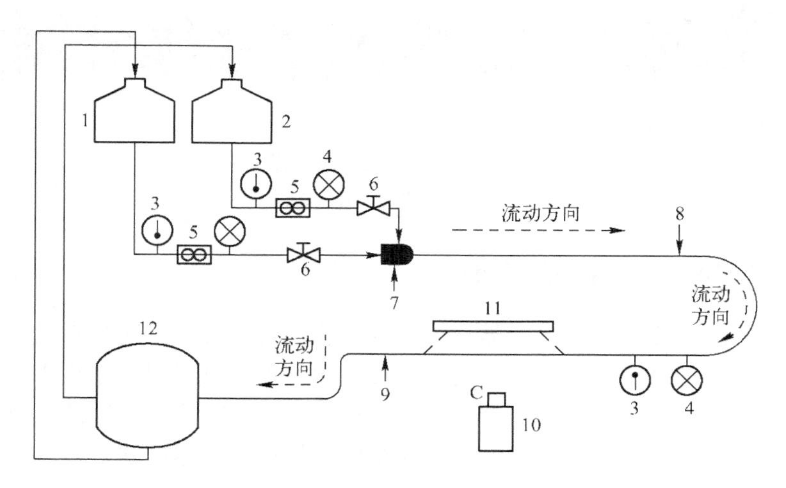

图 7-36　实验装置示意图

1—水罐　2—气罐　3—温度计　4—压力计　5—流量计　6—调节阀　7—引射器

8—水平不锈钢管道　9—有机玻璃管道　10—高速摄像机　11—照明灯　12—回收罐

高速图像拍摄装置采用的是瑞士温伯格公司的 SpeedCam MiniVis ECO - 2 高速动态摄像仪。其拍摄频率最高可达 32000 幅/s，图像的最高分辨率为 1280 × 1024。由于分辨率过高会导致记录时间过长，且帧频所能达到的最大值降低，所以需要综合考虑图像分辨率和拍摄频率两个因素，来确定拍摄参数。经过多次试验，最终选定两相流图像的拍摄频率为 500 幅/s，图像分辨率为 640 × 480。相机距实验管道前壁 0. 72 m，有效拍摄范围为垂直高度 50 mm，水平长度 95 mm。实验中采用 5400K 色温的三基色柔光灯，逆光照射。

2. 两相流高速图像

本节就某一特定液相流速下，不同气相流速时的高速图像进行分析。图 7-37 给出了当液体流速约为 1. 26 m/s，气体流速在 0. 025 ~ 4. 317 m/s 内变化时，3 种不同流型下的高速图像，三种流型分别为泡状流、短塞流和长塞流。

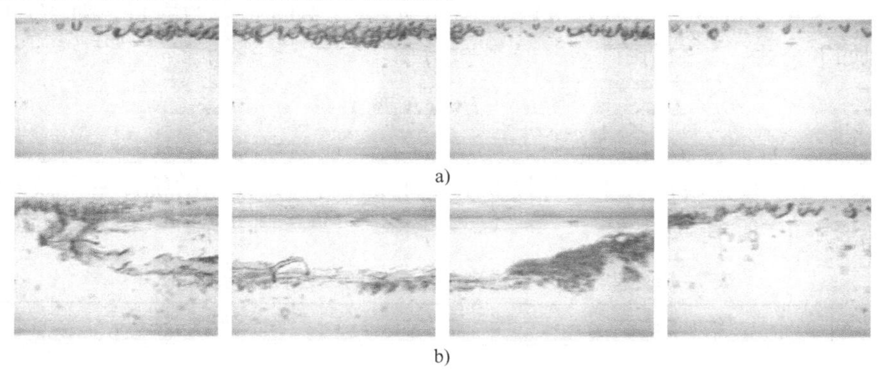

图 7-37　气液两相流高速图像

a）泡状流：液速 = 1. 263 m/s，气速 = 0. 025 m/s　b）短塞流：液速 = 1. 275 m/s，气速 = 0. 419 m/s

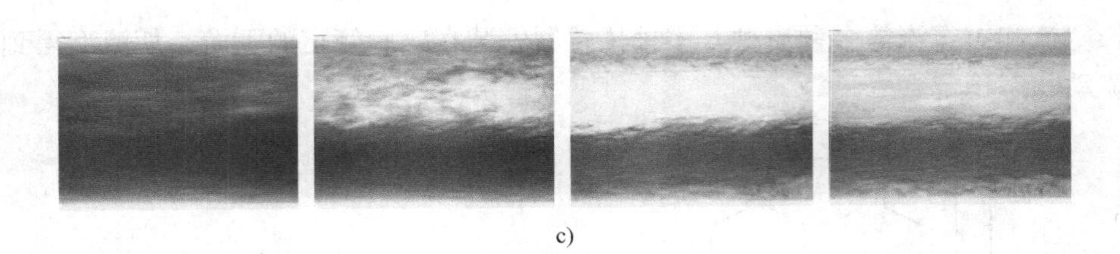

c)

图 7-37　气液两相流高速图像（续）

c）长塞流：液速 =1.261 m/s，气速 =4.317 m/s

7.4.2　两相流图像纹理特征的提取

纹理分析的方法主要有两类：一类是统计的方法，另一类是结构分析的方法。纹理的统计特征分析是图像纹理分析中应用较广泛的一种技术，现在已经发展出很多种统计方法，如中心矩方法、灰度差分统计分析法、游程长度分析法、空间灰度共生矩阵模型法和极大极小值法等。本节采用的是一种统计分析方法，即灰度 - 梯度共生矩阵法。

1. 灰度 - 梯度共生矩阵

灰度 - 梯度共生矩阵模型集中反映了图像中两种最基本的要素，即像点的灰度和梯度（或边缘）的相互关系。

设原灰度图像为 $\boldsymbol{f}(i,j)$，分辨率为 $N_x \times N_y$，对灰度图像进行归一化处理，灰度归一化变化的规划灰度 $F(i,j)$ 为

$$F(m,n) = \mathrm{INT}[(\boldsymbol{f}(m,n)N_g)/f_{\max}] + 1 \tag{7-55}$$

式中，INT[·]为取整数；$f_{\max}$ 为原图像的最高灰度；N_g 为规化后的最高灰度级，本节中取 $N_g = 16$。

采用 3×3 窗口的 Sobel 算子，对原图像各像素作梯度计算，获得梯度矩阵 $\boldsymbol{g}(m,n)$，大小为 N_xN_y。再对它做归一化处理，规划梯度 $G(m,n)$ 为

$$G(m,n) = \mathrm{INT}[(\boldsymbol{g}(m,n)N_s)/g_{\max}] + 1 \tag{7-56}$$

式中，$g_{\max}$ 和 N_s 分别是梯度矩阵和规化后矩阵的最大值。本节中取 $N_s = 16$。

于是，梯度 - 灰度共生矩阵定义如下：

$$\{H_{ij}; i=1,2,\cdots,N_g; j=1,2,\cdots,N_s\} \tag{7-57}$$

其中，H_{ij}定义为集合$\{(m,n)\mid F(m,n)=i, G(m,n)=j\}$中的元素的数目。对 H_{ij} 进行归一化处理，得到如下公式：

$$\hat{H}_{ij} = H_{ij}/(N_gN_s) \tag{7-58}$$

式中，$i=1, 2, \cdots, N_g$；$j=1, 2, \cdots, N_s$。

Haralick 等由灰度 - 梯度共生矩阵提取了多种纹理特征，常用的统计量（纹理特征）的计算公式见表 7-10 所示。

表 7-10　基于灰度 - 梯度共生矩阵的纹理特征计算公式

序　号	纹理特征名称	计 算 公 式
1	小梯度优势	$T_1 = \left[\sum_{i=1}^{N_g}\sum_{j=1}^{N_s}\frac{H_{ij}}{j^2}\right]/H, H = \sum_{i=1}^{N_g}\sum_{j=1}^{N_s}H_{ij}$

（续）

序　　号	纹理特征名称	计算公式
2	大梯度优势	$T_2 = [\sum_{i=1}^{N_g}\sum_{j=1}^{N_s} j^2 H_{ij}]/H$
3	灰度分布不均匀性	$T_3 = \sum_{i=1}^{N_g}[\sum_{j=1}^{N_s} H_{ij}]^2/H$
4	梯度分布不均匀性	$T_4 = \sum_{j=1}^{N_s}[\sum_{i=1}^{N_g} H_{ij}]^2/H$
5	能量	$T_5 = \sum_{i=1}^{N_g}\sum_{j=1}^{N_s} \hat{H}_{ij}^2$
6	灰度平均	$T_6 = \sum_{i=1}^{N_g} i[\sum_{j=1}^{N_s} \hat{H}_{ij}]$
7	梯度平均	$T_7 = \sum_{j=1}^{N_s} j[\sum_{i=1}^{LN_g} \hat{H}_{ij}]$
8	灰度标准差	$T_8 = \{\sum_{i=1}^{N_g}(i-T_6)^2[\sum_{j=0}^{N_s} \hat{H}_{ij}]\}^{\frac{1}{2}}$
9	梯度标准差	$T_9 = \{\sum_{j=1}^{N_s}(i-T_7)^2[\sum_{i=1}^{N_g} \hat{H}_{ij}]\}^{\frac{1}{2}}$
10	相关	$T_{10} = \sum_{i=1}^{N_g}\sum_{j=1}^{N_s}(i-T_6)(j-T_7)\hat{H}_{ij}$
11	灰度熵	$T_{11} = -\sum_{i=1}^{N_g}(\sum_{j=1}^{N_s}\hat{H}_{ij})\log_2(\sum_{j=1}^{N_s}\hat{H}_{ij})$
12	梯度熵	$T_{12} = -\sum_{j=1}^{N_s}(\sum_{i=1}^{N_g}\hat{H}_{ij})\log_2(\sum_{i=1}^{N_g}\hat{H}_{ij})$
13	混合熵	$T_{13} = -\sum_{i=1}^{N_g}\sum_{j=1}^{N_s}\hat{H}_{ij}\log_2\hat{H}_{ij}$
14	惯性矩	$T_{14} = \sum_{i=1}^{N_g}\sum_{j=1}^{N_s}(i-j)^2\hat{H}_{ij}$
15	逆差距	$T_{15} = \sum_{i=1}^{N_g}\sum_{j=1}^{N_s}\hat{H}_{ij}/[1+(i-j)^2]$

灰度－梯度空间很清晰地描绘了图像内各个像点灰度与梯度的分布规律，同时也给出了各像点与其邻域像点的空间关系，对图像的纹理能很好的描绘，对于具有方向性的纹理可从梯度方向上反映出来。

2. 纹理特征的提取

将实验中获得的高速图像，通过数字图像处理技术转化为灰度图像，并去除噪声。对处理后的图像进行纹理特征的提取。本节选取液相流速约为 1.26 m/s，气体流速在 0.025～4.317 m/s 内变化时的流动状态进行纹理分析。针对泡状流、短塞流和长塞流三种流型，分别选取气相流速不同的两组图像序列，六种流动状态的流动参数见表 7-11。

表 7-11　六种状态下的流动参数

序　　列	泡状流 1	泡状流 2	短塞流 1	短塞流 2	长塞流 1	长塞流 2
液速/(m/s)	1.2633	1.2758	1.2688	1.2747	1.2615	1.2701
气速/(m/s)	0.0478	0.0473	0.0508	0.0493	0.0855	0.0888

对表 7-11 中六种流动状态下的 15 种纹理特征参数依次进行了提取，结果如图 7-37 所示。由图 7-38 可知，并不是所有的纹理特征都能够反映两相流的流动状态。直观来看，不同流动状态下，变化较有规律的纹理参数有灰度分布不均匀性、能量、灰度平均、灰度标准差、相关、灰度熵、混合熵和惯性矩。其中，灰度分布不均匀性、能量、灰度平均和惯性矩随着气相流速的增大呈减小的趋势；灰度标准差、相关、灰度熵和混合熵随着气相流速的增加呈增大的趋势。而不同流型下，区域分割较明显，能够反映两相流处于不同的流动状态的

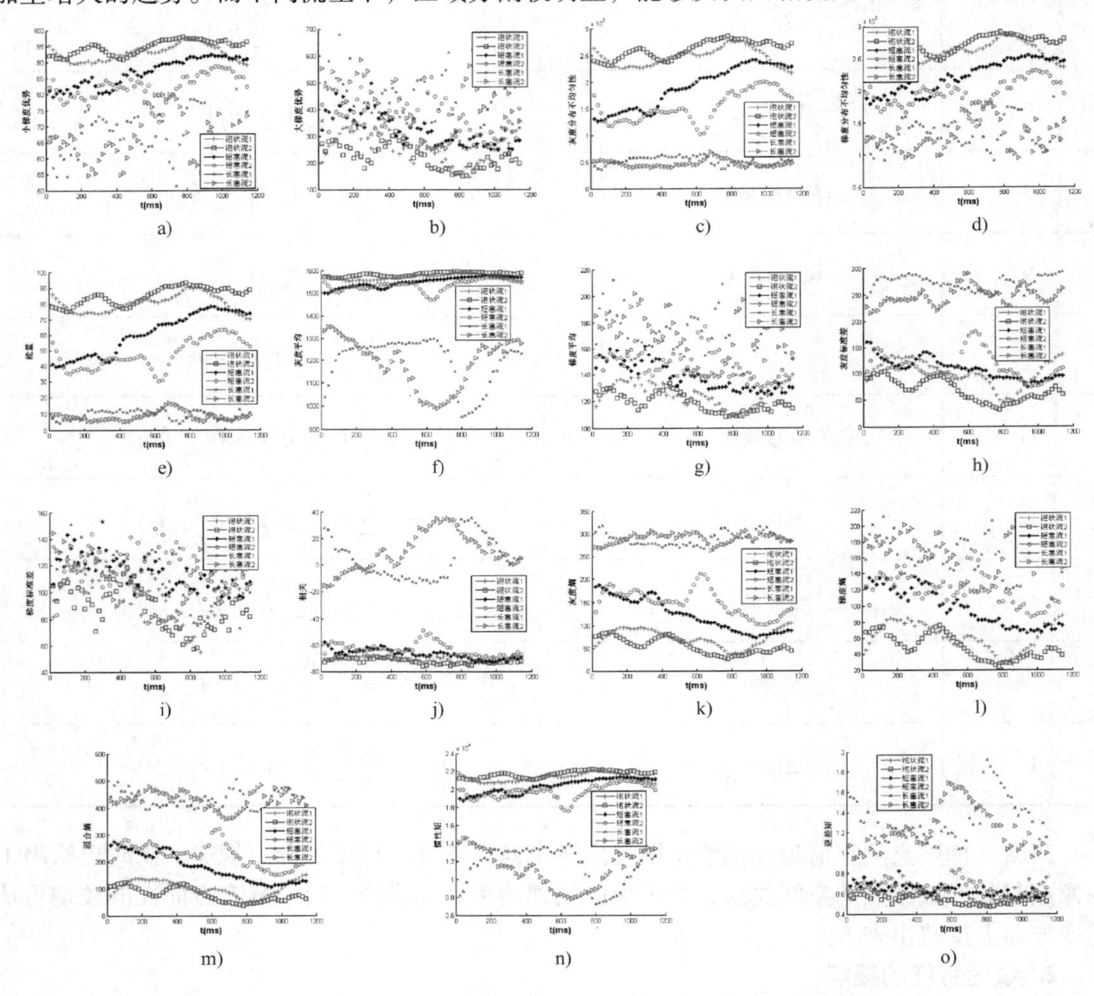

图 7-38　六种流动状态下的纹理特征提取

a）小梯度优势　b）大梯度优势　c）灰度分布不均匀性　d）梯度分布不均匀性
e）能量　f）灰度平均　g）梯度平均　h）灰度标准差　i）梯度标准差
j）相关　k）灰度熵　l）梯度熵　m）混合熵　n）惯性矩　o）逆差距

纹理特征有灰度分布不均匀性、能量、灰度熵和混合熵。仅通过直观分析来说明纹理参数的优劣性是不够的，为进一步说明纹理特征参数来反映流动状态的实用性，本节引入了 Lempel - Ziv 复杂度，下面进行纹理特征的 Lempel - Ziv 复杂度分析。

7.4.3 纹理特征的 Lempel - Ziv 复杂度分析

1. Lempel - Ziv 复杂度

符号动力学理论中的“算法复杂度”，是一种从系统内在结构的变化过程来客观定量估计系统复杂性的方法。Lempel 和 Ziv 提出了一种简便易行的复杂度算法，把一有限长序列的复杂度定义为序列长度的增加产生新模式的速度。该算法的实质是不断比较某一字符串是否是另一字符串的子串，如果是则复杂度维持不变，否则加 1。

首先对时间序列 $I=\{x_1,x_2,\cdots,x_n\}$ 求均值 E_x，再把序列 I 重构，大于 E_x 的令为 1，小于 E_x 的令为 0，得到全新的 $\{0,1\}$ 字符串 $S=\{s_1,s_2,\cdots,s_n\}$。

对 $\{0,1\}$ 序列中已形成的一串字符 $S=\{s_1,s_2,\cdots,s_r\}$ 后再加一个或一串字符 $Q=\{s_{r+1},s_{r+2},\cdots,s_{r+n}\}$，两者连接得到 SQ。令 $SQ\pi$ 表示一串字符 SQ 减去最后一个字符，再看 Q 是否属于 $SQ\pi$ 字符串中已有的“字句”。若有，则把这个字符加在后面，称之为“复制”，如果没有，称之为“添加”。“添加”时用一个“•”把前后分开。下一步则把“•”前面的所有字符看成“S”，重复如上步骤。记号“•”的个数反映了采取添加操作的次数。如果符号串在上述分析结束时以“•”结束，则记号“•”的个数就等于符号串的复杂性。否则，将个数加 1，即得复杂性 $c(n)$。

当序列足够长时，几乎所有 $\{0,1\}$ 区间的随机序列的复杂度都会趋于一个值 $b(n)$，其公式如下：

$$b(n)=\lim_{n\to\infty}c(n)=n/\log_2(n) \tag{7-59}$$

以 $b(n)$ 来对 $c(n)$ 归一化，使之成为相对复杂度 $c_\tau(n)$，其公式如下：

$$c_\tau(n)=c(n)/b(n) \tag{7-60}$$

由定义可以看出，相对复杂度 $c_\tau(n)$ 反映了一个时间序列与随机序列的接近程度，完全随机序列的 $c_\tau(n)$ 趋近于 1，而周期序列的 $c_\tau(n)$ 趋近于 0。由此可以看出，信号的复杂度与信号的有序性和随机行为有关，它从某种程度上反映了符号序列的结构特性，而不是动态特性。

Lempel - Ziv 复杂度计算的 MATLAB 代码如下：

```
clear all
close all
f = load('features. mat');
%%将 f 中的数值转换到 0 ~ 255 之间
[m,n] = size(f. T);
for i = 1:m
    fmean(i) = mean(f. T(i,1:n));
    for j = 1:n
        if f. T(i,j) > fmean(i)
            f1(i,j) = 1;
```

```
            else f1(i,j) =0;
            end
        end
    end
    %f1max = max(f1);


    %%计算 Lempel - Ziv 复杂度
    for i =1:m
    F = num2str(f1(i,1:n),'%1d');

    cn =1;
    x =2;k =0;
    S = F(1);

    while (x + k) < n
        Q = F(x:x + k);
        SQ = [S,Q];
        a = length(SQ);
        SQp = SQ(1:(a -1));
        wh = length(findstr(Q,SQp));
        if wh ==0%%%不能找到相同的字符串,则添加
            S = SQ;
            cn = cn +1;
            x = x + k +1;
            k =0;
        else k = k +1;%%%能找到相同的字符串,加长 Q,并继续寻找
        end
    end
    if k ==0
        cn = cn;
    else cn = cn +1;
    end
    %%
    bn = n/(log2(n));
    C(i) = cn/bn;
    end
    save('D:\L_Z','C')
```

2. Lempel - Ziv 复杂度分析

对 7.4.2 节所提取的六种流动状态下的 15 种特征参数进行 Lempel - Ziv 复杂度分析，如图 7-39 所示，图中 *X* 轴的序列号与表 7-10 中各参数的序列号一致。

由图 7-39 可以看出，在这六种流动状态下，各纹理参数表现为不同的 Lempel - Ziv 复杂性。灰度分布不均匀性、能量、灰度平均、灰度熵、惯性矩的 Lempel - Ziv 复杂度均小于

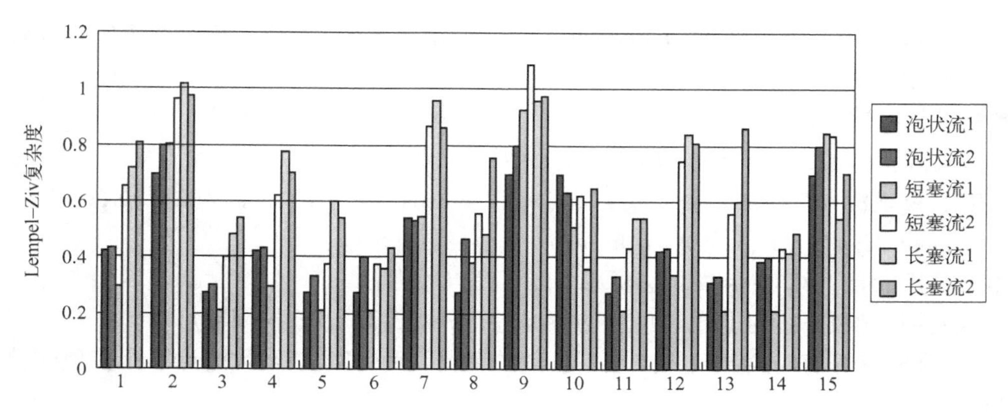

图 7-39　纹理特征的 Lempel - Ziv 复杂度对比

0.6，表现为较好的序列性，与图 7-38 中的纹理参数显示的结果一致，因此可以作为研究气液两相流流动特征的有效特征参数。而大梯度优势、梯度平均和梯度标准差复杂度较高，在图 7-38 中表现为较强的随机行，纹理参数的变化无规律可循，因此这三个参数不能有效地表征流动的特性。

7.4.4　基于 SVM 的气液两相流型识别

1. 支持向量机分类器的设计

采用支持向量机（Support Vector Machines，SVM）可对泡状流进行流型识别。SVM 是基于统计学习理论的 VC 维理论和结构风险最小原理而建立的一种机器学习方法。它能较好地解决小样本、高维数、非线性和局部极小点等实际问题，具有泛化性能好、理论坚实等优点。基于 SVM 的机器学习在模式识别等领域得到广泛应用。基于 SVM 的机器学习方法的基本思想是在高维或无限维空间中构造一个或一系列的最优分类超平面。超平面的优劣取决于边缘点（不同类的训练数据点中离超平面最近的点）到超平面的距离，距离越大，超平面的分类能力越好。

（1）SVM 的基本理论

对于两类问题，给定一个训练样本$(x_i,y_j)\in \mathbf{R}^d\times\{-1,+1\},i=1,\cdots,n$。其中，$x_i$ 为 d 维空间中的一点，y_i 为类别标识。通过核函数（Mercer Kernel Operator）$K(x,y)=\Phi(x)\cdot\Phi(y)$，将样本数据从原空间 $\mathbf{R}^d$ 映射到高维空间 H 中（记为 Φ：$\mathbf{R}^d\rightarrow H$），使得这些样本数据在高维特征空间中线性可分。支持向量机在高维空间 H 中建立最大间隔分类超平面如下：

$$w\Phi(x)+b \tag{7-61}$$

可以证明下式成立：

$$w^*=\sum\alpha_i^* y_i\Phi(x_i) \tag{7-62}$$

其中，α_i 是每个样本所对应的 Lagrange 乘子，可由下式得到：

$$\max Q(\alpha)=\sum_{i=1}^{n}\alpha_i-\sum\alpha_i\alpha_j y_i y_j\Phi(x_i)\Phi(x_j)/2$$

$$\text{s.t.}\quad \sum_{i=1}^{n}y_i\alpha_i=0,\quad \alpha_i\geqslant 0,i=1,\cdots,n \tag{7-63}$$

式（7-63）中的内积函数$(\Phi(x_i),\Phi(x_i))$可用$K(x,x_i)$代替。核函数$K(x,x_i)$有很多种，下面介绍几种常用形式：

- 线性核函数：$K(x,x_i)=(x\cdot x_i)$。
- 多项式核函数：$K(x,x_i)=(\nu(x\cdot x_i)+r)^q,\nu>0$。
- RBF 核函数（Gaussian 径向基）：$K(x,x_i)=\exp\{-\nu\|x-x_i\|^2/(2\sigma^2)\},\nu>0$。
- Sigmoid 核函数：$K(x,x_i)=\tanh(\nu(x\cdot x_i)+c),\nu>0$。

本节选用的是 RBF 核函数，主要基于以下几点原因：

1）线性核函数不能对非线性可分的数据进行分类，而 RBF 核函数可以。

2）多项式计算有时会出现零点或不收敛的情况，而 RBF 核函数的计算比多项式核函数更加稳定。

3）Sigmoid 核函数仅对某些特定参数（如满足 Mercer 条件的情况）是有效的。

4）RBF 核函数的不确定参数相对较少，在 RBF 核函数中的不确定参数仅有一个（ν），多项式核函数中的不确定参数有三个（ν，q，r），Sigmoid 核函数中不确定参数有两个（ν，c）。

因此，选用 RBF 核函数用于泡状流流型的分类是合理的。

（2）基于 SVM 的多分类器的设计

对于多类问题，可通过组合或者构造多个两类分类器来解决。常用的算法有两种，一种为一对多模式（1 - aginst - rest），对于每一类都构造一个分类器，使其与其他类分离，即c类问题构造c个两类分类器；另一种为一对一模式（1 - aginst - 1），在c类训练样本中构造所有可能的两类分类器，每个分类器分别将某一类从其他任意类中分离出来，在c类中的两类训练样本上训练共构造$c(c-1)/2$个两类分类器。测试阶段将测试样本输入每个分类器，采用投票机制来判断样本所属类。若两类分类器判定样本属于第j类，则第j类的票数加 1，最终样本属于得票最多的那一类。

2. 实验结果

表 7-12 是分别利用基于 GLGCM 的纹理特征（15 种）获得的单一特征来进行识别的流型识别率。

表 7-12 基于 GLGCM 纹理特征获得的单一特征进行识别的识别率

纹理特征	t_1	t_2	t_3	t_4	t_5	t_6	t_7	t_8
识别率/%	77.08	76.62	78.46	76.77	78.00	75.85	76.62	93.23
纹理特征	t_9	t_{10}	t_{11}	t_{12}	t_{13}	t_{14}	t_{15}	
识别率/%	78.00	80.00	93.69	77.54	92.62	75.38	76.00	

利用 Lempel - Ziv 复杂性分析方法对基于 GLGCM 的纹理特征（15 种）进行特征选择，将选择出的有效特征进行组合，并利用 SVM 多分类器进行流型识别，其识别率可达 94%。与表 7-12 中的单一特征识别相比，识别率明显提高。

3. 结论

采用高速摄像机所拍摄的气液两相流流动图像，在一定程度上能够反映流体发展演化的过程信息。本节以相同液相流速下，不同气相流速时的 6 种流动状态为研究对象，提取了基于灰度 - 梯度共生矩阵的 15 种纹理特征参数，并利用 Lempel - Ziv 复杂度分析了各纹理特征在两相流研究中的有效性。实验结果表明，并不是所有的纹理特征参数均适用于气液两相流流动特性的分析。其中，灰度分布不均匀性、能量、灰度平均、灰度熵、惯性矩的 Lempel－Ziv 复杂度均小于0.6，具有较好的序列性，可以作为研究气液两相流流动特性的有效特征参数。本节的研究工作具有探索性，为进一步研究气液两相流的流动机理提供了一个新的平台。

7.5 三维识别案例

随着三维扫面终端的快速发展，我们很容易可以得到三维物体的真实三维数据，可是这些数据一般都非常大，所以特征提取对于计算机视觉、医学成像等方面非常重要。本节首先介绍三维数据中的几种特征提取的方法，将数据放入到特征空间中，然后介绍三维织物疵点的识别。

7.5.1 三维模型中特征点的定义

三维模型的特征点就是那些能够表示物体几何特性或纹理特征的点的集合。这些特征点又可以分为模型固有的特征点和与视点相关的特征点。模型固有特征点就是三维点云模型表面几何属性变化比较大的那些点的集合。几何属性一般包括采样点的法向量和曲率，在点云模型的特征提取中，可以根据点采样曲面中各点的曲率大小来提取特征点或特征线。例如脊点和谷点就是曲面曲率的极值点，这些点是模型表面的重要特征点，但是它们看起来不是那么自然。它们固定在模型表面上，不随视点的变化而变化，如图7-40所示。

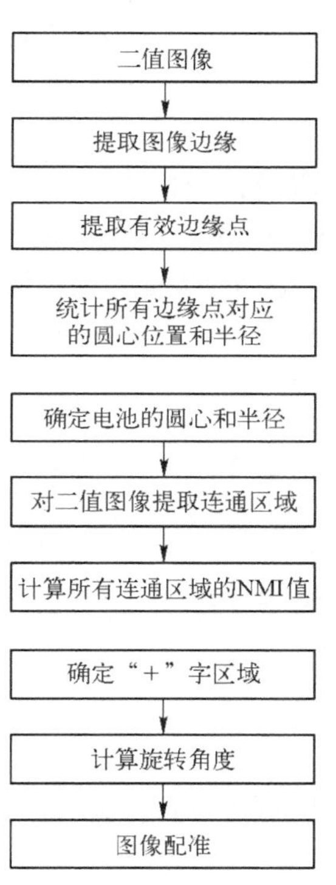

图7-40 利用视点提取点云模型的特征点示意图

视点相关的特征点包括很多，没有一个全面的定义，目前还在不断出现新的与视点相关的特征点。其中最主要的特征点是：三维点云模型中采样点的法线方向和视线方向垂直的那些点的集合。如图7-41所示，点云中一点 $P_0(x_0,y_0,z_0)$ 及其法线 $\boldsymbol{n}(n_x,n_y,n_z)$，点 P_0 到视点 c 的视向量 $\boldsymbol{v}$，如果 $\boldsymbol{n}$ 和 $\boldsymbol{v}$ 垂直，即 $\boldsymbol{n}$ 和 $\boldsymbol{v}$ 的内积为零，就称点积是点云模型的特征点。其公式如下：

$$\boldsymbol{nv}=0 \tag{7-64}$$

7.5.2 特征提取方法

1. 基于曲率的特征提取方法

离散数据的曲率估计方法大致分为两种：数值法和解析法。数值法要求先对点云数据网格化，这样会耗费一定的系统资源。解析法是在局部坐标系内拟合一张曲面，通过曲面计算点云数据曲率，计算步骤简单。但是这两类方法有以下两点不足：第一，建立相应模型的过程比较复杂；第二，要先对原始点云数据进行简化，然后才能建立相应模型，最后要对建立起的模型进行调整和优化，这样调整后的模型不能保证与原始点云数据一致，偏离了原始点云模型。下面介绍另外两种方法计算曲率。

首先介绍一种利用计算二次参数曲面的方法来估计局部曲面曲率的方法，该方法利用最小二乘法使得被测点及其周围的点到二次参数曲面的欧氏距离最小，适用于处理规则点云数据。

二次参数曲面方程的形式如下：

$$\boldsymbol{r}(u,v) = \sum_{j=0}^{2}\sum_{i=0}^{2} Q_{ij}\,u^i\,v^j \tag{7-65}$$

$$\boldsymbol{r}(u,v) = (1 \quad u \quad u^2)\boldsymbol{Q}\begin{pmatrix}1\\ v\\ v^2\end{pmatrix} \tag{7-66}$$

式（7-66）是二次参数曲面方程的矩阵形式，$\boldsymbol{Q}$ 是一个 3×3 的矩阵，它的向量元素是 Q_{ij}，则对应的 $\boldsymbol{r}$ 和 $\boldsymbol{Q}$ 分别为

$$\boldsymbol{r}(u,v) = (x(u,v), y(u,v), z(u,v))$$

$$\boldsymbol{Q} = \{Q_{ij}\} = (a_{ij}, b_{ij}, c_{ij}) \tag{7-67}$$

假设，给定了 $N+1$ 个点的坐标 $p_l(x_l,y_l,z_l)$ 和它们在局部参数曲面中的参数值 (u_l,v_l) $(l=0,\cdots,N,N>8)$。对于局部参数曲面中的某一点，在其附近选取一系列点，局部参数值 (u_l,v_l) 可以通过弦长法来得到。这 $N(n=mn)$ 个网格点可以通过如下公式得到参数化值 u_l：

$$u_l = u_{ij} = \left(\sum_{k=1}^{i-1}|P_{k+1,j}-P_{k,j}|\right)\Big/\left(\sum_{k=1}^{m-1}|P_{k+1,j}-P_{k,j}|\right) \tag{7-68}$$

这里 $2\leqslant i\leqslant m$，$1\leqslant j\leqslant n$，$u_{1j}=0.0$，同理可以得到 v_l，公式如下：

$$v_l = v_{ij} = \left(\sum_{k=1}^{j-1}|P_{j,k+1}-P_{j,k}|\right)\Big/\left(\sum_{k=1}^{n-1}|P_{i,k+1}-P_{i,k}|\right) \tag{7-69}$$

这里 $2\leqslant i\leqslant m$，$1\leqslant j\leqslant n$，$v_{1j}=0.0$，并且 $l=(i-1)m+(j-1)$。之后，定义新的变量如下：

$$\boldsymbol{W} = (u^0v^0, u^0v^1, u^0v^2, \cdots, u^2v^2)^{\mathrm{T}} \tag{7-70}$$

$$\boldsymbol{a} = (a_{00}, a_{01}, a_{02}, a_{10}, \cdots, a_{22})^{\mathrm{T}} \tag{7-71}$$

同理可以定义 $\mathbf{R}^9$ 上的向量 $\boldsymbol{b}$、$\boldsymbol{c}$，依式（7-65）可以写成如下形式：

$$x = \boldsymbol{W}^{\mathrm{T}}\boldsymbol{a}, \quad y = \boldsymbol{W}^{\mathrm{T}}\boldsymbol{b}, \quad z = \boldsymbol{W}^{\mathrm{T}}\boldsymbol{c} \tag{7-72}$$

这样给定一组点 P_l 以及它们在参数空间的值 (u_l,v_l)，引入如下新的向量：

$$\boldsymbol{Z}_x = \begin{pmatrix}x_0\\ x_1\\ \vdots\\ x_N\end{pmatrix}, \quad \boldsymbol{Z}_y = \begin{pmatrix}y_0\\ y_1\\ \vdots\\ y_N\end{pmatrix}, \quad \boldsymbol{M} = \begin{pmatrix}\boldsymbol{W}_0^{\mathrm{T}}\\ \boldsymbol{W}_1^{\mathrm{T}}\\ \vdots\\ \boldsymbol{W}_N^{\mathrm{T}}\end{pmatrix} \tag{7-73}$$

通过最小二乘法，使 P_l 到二次参数曲面的欧氏距离之和最小，如图 7-41 所示。

解出 $\boldsymbol{Q}$ 为

$$\boldsymbol{Q} = (\boldsymbol{M}^{\mathrm{T}}\boldsymbol{M})^{-1}\boldsymbol{M}^{\mathrm{T}}\boldsymbol{Z} \tag{7-74}$$

这样就求出了二次参数曲面的参数方程，从而求出曲面上某一点的曲率，这里需要求出

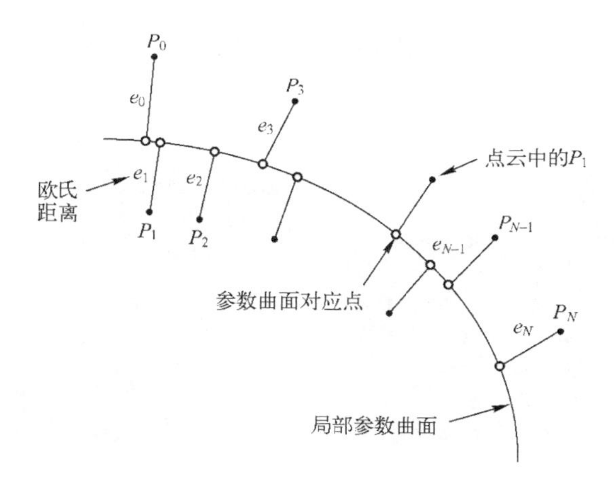

图 7-41　二次参数曲面的欧氏距离

$\boldsymbol{Q}$，共 27 个未知数。

另外一种求曲率的方法是在上一种方法的基础上，处理散乱点云得到二次参数曲面方程，并求高斯曲率 K 和平均曲率 H，其公式如下：

$$K=(LN-M^2)/(EG-F^2)$$
$$H=(EN+GL-2FM)/(2(EG-F^2)) \tag{7-75}$$

式中，$E=r_u \cdot r_u$；$F=r_u \cdot r_v$；$G=r_v \cdot r_u$；$L=r_{uu} \cdot \boldsymbol{n}$；$M=r_{uv} \cdot \boldsymbol{n}$；$N=r_{vv} \cdot \boldsymbol{n}$。$r_u$、$r_v$、$r_{uv}$、$r_{uu}$、$r_{vv}$ 分别为二次参数曲面在一点的偏导数，$\boldsymbol{n}$ 是曲面的单位法向量。主曲率 K_1 和 K_2 的计算公式如下：

$$K_{1,2}=H \pm \sqrt{H^2-K} \tag{7-76}$$

计算完曲率后，便可以给定一个阈值，将曲率大于给定阈值的点提取出来，则三维点云模型的一类特征点便提取出来。

2. 利用点间法线变化提取特征点

如果点云模型上一点的法线与其周围点法线的夹角大于给定的阈值，则认为该点是点云模型上的特征点。利用点间法线变化提取特征点有以下步骤：

1）给定一点 P_0，计算其 K-邻近。

2）估计 P_0 点的单位法线 $\boldsymbol{n}_0$，及其周围 k 个点的单位法线 $\boldsymbol{n}_i (1 \leqslant i \leqslant k)$。

3）给定阈值 T_N，如果 $\boldsymbol{n}_0$ 与所有 $\boldsymbol{n}_i$ 内积的绝对值都大于 T_N，则认为 P_0 不是点云模型的特征点，给予标记 0。

经过以上三步之后，所有未标记为 0 的点认为是点云模型的特征点。

山东师范大学的范华在对原始点云数据进行初次简化的时候用到了此方法，在其简化过程中为了提高算法处理过程的效率，采用以一定的比例对数据点进行特征点检测，当点云数据中的标志位为 0 的点达到一定比例时，此检测过程就结束。此方法要求点云数据的分布是随机的，如果是有规律分布（如按区域分布的），当点云数据中的标志位为 0 的点的个数达到一定比例时，有可能是部分区域进行了简化，而其他部分区域并没进行检测。这时就会出现大面积的空白，从而导致局部特征点丢失。如图 7-42 所示，左图是原始龙模型的点云数据，共 22998 个点，右图是利用点间法线变化提取特征点示意图，简化后点的个数为 9548，简化比例为58.5%，这时在龙身体上出现了大面积的空白区域，致使点云模型的局部特征点丢失。

图 7-42　龙模型随机简化后出现空白区域的示意图

3. 与视点相关的特征点

基于三维模型的线图绘制需要精确确定给定模型上的绘制位置。在非真实感渲染中，线绘制主要是在那些关键点上，通常是曲面上导数的极值点，但同时也与视点的角度有关。与视点相关的特征点主要有以下两大类：

1）轮廓点，这些点上的法线与视线向量垂直，如图 7-43 所示。轮廓点几乎是无处不在，它们是模型可见部分与不可见部分的分界点。轮廓点传递出光滑物体最突出的形状，从三维点云中提取轮廓点可以用式（7-64）来完成。

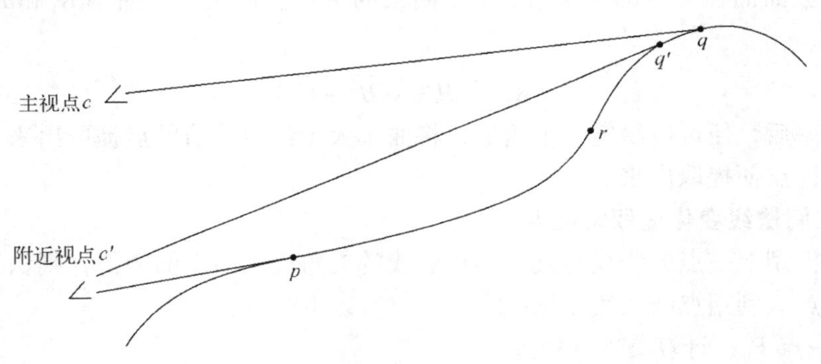

图 7-43　提示性轮廓点示意图

2）提示性轮廓点，这一类特征点会清楚地呈现在模型表面的可见部分，如果当前视点移动一个极小的角度，这些点就成为轮廓点，即第一类轮廓点。但是新生成的轮廓点，不是原来轮廓点随着视点移动而移动过来的轮廓点。如图 7-43 所示，主视点 c 下的轮廓点是 q，视点移动一个角度后到视点 c'位置，这时轮廓点是 p 和 q'。而 q'是随着视点 c 的移动而滑过来的轮廓点，所以它不是提示性轮廓点，但是 p 是在视点移动后新生成的轮廓点，是在视点 c 下的提示性轮廓点。提示性轮廓点是在径向曲线上沿着视点方向曲率为 0 的点的集合，如图 7-44 所示的 p 点。

图 7-45 是大卫头部模型提取特征线的示意图，左图是仅仅由轮廓点组成的轮廓线示意图，右图是在左图轮廓线基础上添加提示性轮廓线之后的效果，在脸部增加了更多的细节，如眼睛轮廓线、鼻子和耳朵等细节。

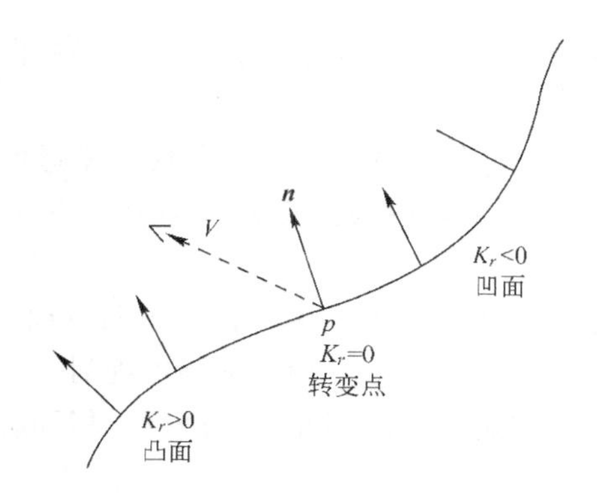

图 7-44　径向平面切三维空间曲面的剖面图

图 7-45　大卫头部模型提取特征线示意图

7.5.3　三维识别方法

模式识别在三维重建和计算机视觉等方面是一个重要的学科，应用非常广泛。本节使用两个实际的应用来了解一下三维识别的方法。

1. 同一物体不同视角下的配准

随着激光扫描技术的发展，利用激光扫描仪可以在几秒钟之内直接得到被测物体表面的点云数据，在三维物体数字化过程中，由于受测量设备测量范围的限制和被测物体外形的复杂性等因素影响，三维检测一次只能得到物体某一部分表面的数据，要得到物体完整的形状信息，需要从不同角度使用多次定位进行测量，而将各个视角得到的点云集合并到一个统一的坐标系下，这就是点云数据的配准。这里采用一种基于曲率特征的点云配准方法。

首先需要对两幅点云进行粗配准。这里选用的是 PCA 方法。

PCA 是一种数据集简化分析方法，用于减少数据集的维数，并保留对方差贡献最大的特征。设点集 $P=\{P_1,P_2,P_3,\cdots,P_n\}$ 是 n 维数据，求取其均值$\bar{p}$和协方差矩阵 cov，对矩阵 cov 进行特征量分解，得到的正交特征向量即作为点集 p 的三坐标轴 XYZ。以均值$\bar{p}$为坐标系的原点，建立点云的参考坐标系。将两幅点云的参考坐标系调整到一致，就达到了粗配准的目的。然而，有可能出现坐标系一致但坐标轴方向相对的情况，需要建立最小包围盒来测试两片点云。最小包围盒可以将复杂的图形转化为简单的图形；同时，可以将点云转为具有体积的实体。设定一定的阈值 K，并求取两幅点云的最小包围盒重合度 f。当 $f>K$ 时则说明两点云基本重合，反之，反转坐标轴方向。

将两幅点云进行粗略配准之后，还需要进行精确配准。首先需要获知两幅不同视角下的点云的全部曲率。由于曲率的含义是根据均匀平滑的曲面来定义的，因此需要对部分点云进行曲面拟合，然后针对拟合后的曲面进行曲率计算，即可获知该点的估计曲率。这里选用的曲面模型是二次曲面模型，公式如下：

$$ax^2+bxy+cy^2=z \tag{7-77}$$

曲面拟合完成后，便可以根据式（7-75）来计算两幅点云的高斯曲率。得到点云的高斯曲率后，再对模型点云进行分类。规定每一类中点的数目相同且下一类中任一点的曲率要大于上一类中任一点的曲率，然后在每一类中都随机提取一些点组成特征点云，则可以根据特征点云来找到两幅点云之间的对应点。

点到点的查找方式为：从特征点云中抽取一点 g，在匹配点云中选出与该点具有相近曲率的几个点，然后计算这几个点与 g 点的距离，最后在这几个点中找到离 g 点最近一点 h，从而完成配对过程。

点到面的查找方式为：在找到 h 点的基础上，在匹配中找两个点 m 和 n，使这两点离 h 点的距离最近。然后令 h、m、n 三点共面，求 g 点到平面投影点 k，从而完成新的配对。

找到两幅点云的对应点之后，计算出点云的平移和旋转矩阵，对匹配点云进行平移和旋转，便完成了不同视角下的两幅点云的配准。

假设两个点云，其中提取的两组对应点组成控制点集 $\boldsymbol{A}$ 和 $\boldsymbol{B}$，控制点数量均为 N，$\boldsymbol{A}=\{A_1,A_2,A_3,\cdots,A_N\}$，$\boldsymbol{Q}=\{B_1,B_2,B_3,\cdots,B_N\}$。利用控制点集 $\boldsymbol{A}$、$\boldsymbol{B}$，使用四元数法来估计旋转矩阵 $\boldsymbol{R}$ 及平移向量 $\boldsymbol{T}$，可以采用如下步骤：

1）利用式（7-78），计算两个控制点集 $\boldsymbol{A}$、$\boldsymbol{B}$ 的重心，并利用式（7-79），分别对控制点集进行中心化处理。公式如下：

$$\mu_A=\left(\sum_{i=1}^{n}A_i\right)/n,\qquad \mu_B=\left(\sum_{i=1}^{n}B_i\right)/n \tag{7-78}$$

$$\boldsymbol{A}'=\boldsymbol{A}-\mu_A,\qquad \boldsymbol{B}'=\boldsymbol{A}-\mu_B \tag{7-79}$$

2）根据中心化后的控制点集 $\boldsymbol{A}'$、$\boldsymbol{B}'$，利用式（7-80）进行协方差矩阵 $\boldsymbol{C}$ 的计算，根据协方差矩阵 $\boldsymbol{C}$，并借助式（7-81）构造正定矩阵 $\boldsymbol{N}$，公式如下：

$$\boldsymbol{C}=\sum_{i=1}^{n}(\boldsymbol{A}'_i\boldsymbol{B}'^{\mathrm{T}}_i)=\begin{pmatrix}\sum_{i=1}^{n}(a'_{i,x}b'_{i,x}) & \sum_{i=1}^{n}(a'_{i,x}b'_{i,y}) & \sum_{i=1}^{n}(a'_{i,x}b'_{i,z})\\ \sum_{i=1}^{n}(a'_{i,y}b'_{i,x}) & \sum_{i=1}^{n}(a'_{i,y}b'_{i,y}) & \sum_{i=1}^{n}(a'_{i,y}b'_{i,z})\\ \sum_{i=1}^{n}(a'_{i,z}b'_{i,x}) & \sum_{i=1}^{n}(a'_{i,z}b'_{i,y}) & \sum_{i=1}^{n}(a'_{i,z}b'_{i,z})\end{pmatrix} \tag{7-80}$$

$$N=\begin{pmatrix}\mathrm{Tr}(\boldsymbol{C}) & \boldsymbol{\Delta}^{\mathrm{T}}\\ \boldsymbol{\Delta} & \boldsymbol{C}+\boldsymbol{C}^{\mathrm{T}}-\mathrm{Tr}(\boldsymbol{C})\boldsymbol{I}_3\end{pmatrix} \tag{7-81}$$

3）计算正定矩阵 $\boldsymbol{N}$ 的最大特征值，并计算其对应的特征向量，对应于旋转四元数 $\boldsymbol{q}=(q^0,q^1,q^2,q^3)^{\mathrm{T}}$。

根据式（7-19），用旋转四元数 $\boldsymbol{q}=(q^0,q^1,q^2,q^3)^{\mathrm{T}}$表示旋转矩阵 $\boldsymbol{R}$。

$$\boldsymbol{R}=\begin{pmatrix}(a^2+b^2+c^2+d^2) & 2(bc-ad) & 2(bd+ac)\\ 2(bc+ad) & a^2-b^2+c^2-d^2 & 2(cd-ab)\\ 2(bd-ac) & 2(cd+ab) & a^2-b^2-c^2+d^2\end{pmatrix} \tag{7-82}$$

根据式（7-83），计算平移向量 $\boldsymbol{T}$。

$$\boldsymbol{T}=\boldsymbol{R}A'-B' \tag{7-83}$$

不同视角下的配准后的点云分别如图 7-46 和图 7-47 所示。

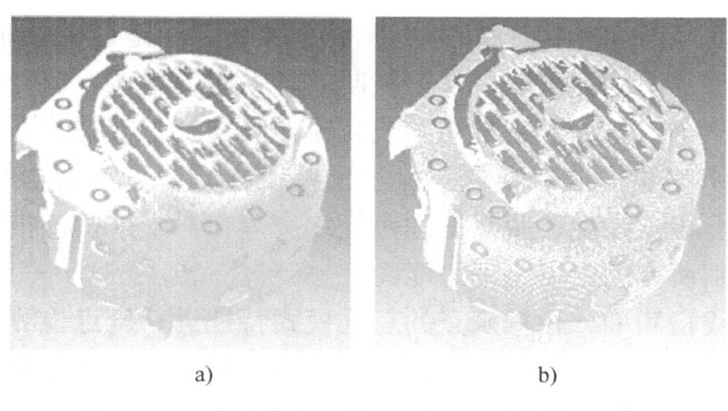

a)　　　　　　　　b)

图 7-46　不同视角下的两幅点云配准前后对比

a) 配准前　b) 配准后

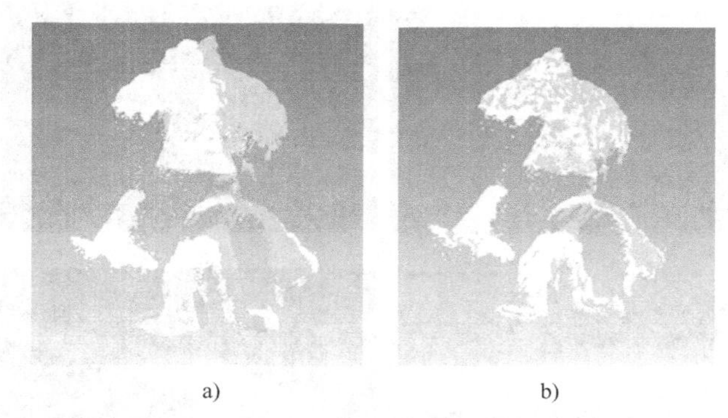

a)　　　　　　　　b)

图 7-47　不同视角下的两幅点云配准前后对比

a) 配准前　b) 配准后

2. 织物疵点的检测

在纺织工业中，质量控制是一个至关重要的环节，而织物疵点检测又是质量控制环节中最重要的一部分。织物疵点在线检测指的是在走布过程中实时地发现疵点，这关系到织物生产效率和质量提高问题。不同的织物疵点在三维结构上有着明显的不同，如何把这些三维信息转化成有效的数据信息？怎样把疵点的三维数据模型与正常的三维数据区分开成为三维织物疵点在线检测与识别的关键。

3. 织物疵点的种类

织物疵点形成的原因很多，主要是在织造、染色和后整理过程中形成的。不同的材质和织造机都会出现特有的疵点，它的种类繁多，并且疵点大小不一，形态各异，这也是目前还没有任何一种模式识别算法能检验出所有疵点的原因，所以对织物疵点的类型及其模式特征作进一步的分析、研究已经成为突破疵点检测与识别的关键。

据相关调查，疵点大部分是出现在织造过程中，约占所有疵点种类的 70%，并且在印花、染色和后期整理过程中出现的疵点也有近 20%，但是根据现有的基于二维图像的检测技术，想要将印花、染色后的疵点检测出来极其困难。所以常见的基于二维图像处理的织物疵点检测都无法避免染色和印花等颜色给疵点检测带来障碍的问题，终究只能对简单的素色织物进行织物疵点检测。本节从织物三维信息的角度来对织物疵点的特征进行研究和检测，能够成功地避免这个问题。

常见织物疵点的分类法一般将疵点分为经向类疵点、纬向类疵点、区域类疵点、分散类疵点四大类。其中，断经断纬是由于织物的某根丝线断裂而造成的横向或者纵向的部分缺失。而缺经缺纬则是整片织物上都缺少某个横向或者纵向的丝线。粗经疵则是在织造过程中产生的丝线的直径在某个地方大于正常的丝线直径。破洞疵正常情况下是由于在织布机上刀口刮裂而成的区域性织物缺失或者断裂。除了这些疵点之外，还有彩色飞花织入疵、斑点疵、擦伤疵、折痕疵、粗支纱疵、脱浆疵和叠经纬疵等，对于这些连类别都无法完全知道的疵点要想百分之百识别所有的疵点是不可能的。

在本织物疵点在线检测中，根据疵点的三维模式特征进行疵点检测及疵点类别识别，主要是针对常见的疵点进行识别，如破洞、刮线、断经、断纬、缺经和缺纬，各类织物疵点的三维数据图，如图 7-48 所示。

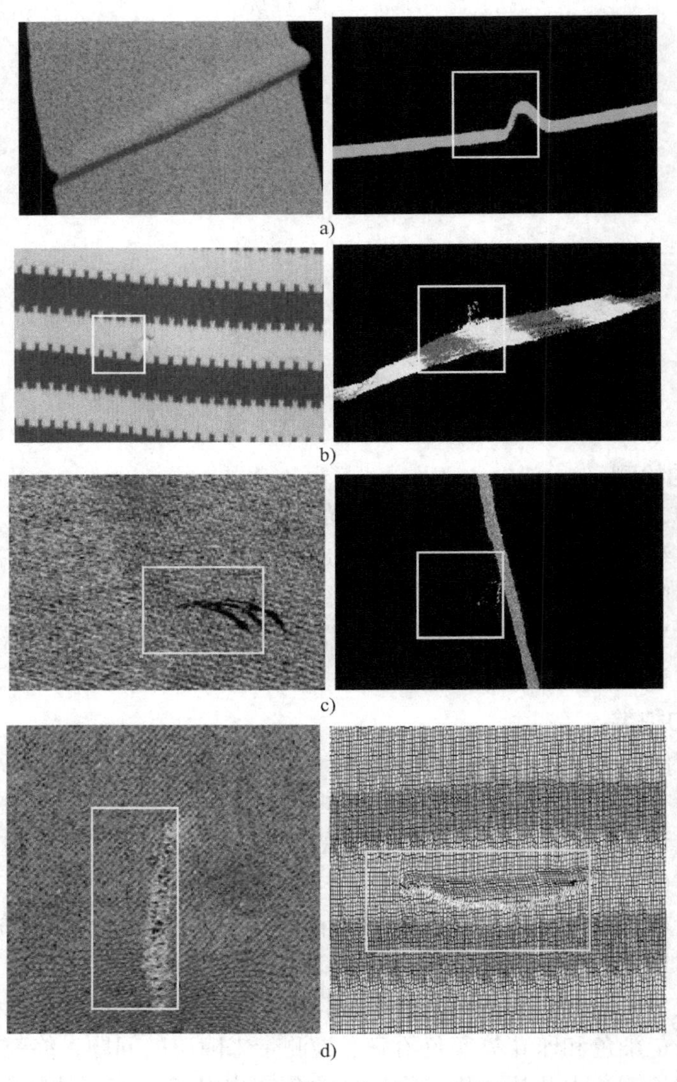

图 7-48　各类织物疵点的三维特征

a）织物褶皱　b）织物破洞　c）织物挑丝　d）织物断经断纬

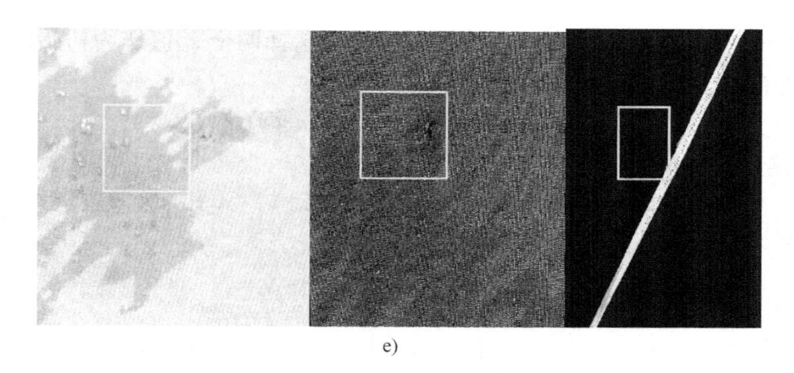

e)

图 7-48　各类织物疵点的三维特征（续）
e）染色织物破洞

4. 三坐标轴分类法

本节针对织物的三维模型建立如图 7-49 所示，如图所示织物的纵向 Z 轴高度即织物的厚度为 $2h$，长度和宽度都没有具体的数值限制。

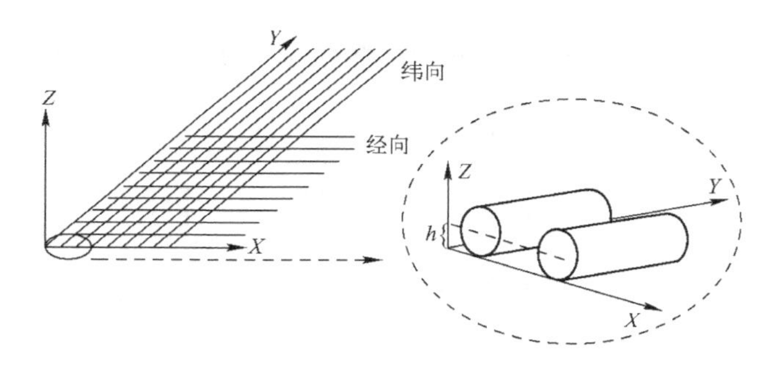

图 7-49　织物的三维形态示意图

设采集到的样本总数为 N。由于标定时的标定板与测量时的参考面在同一水平面上，且得到的高度信息作为 Z 坐标，所以首先从 Z 坐标的值来检测疵点，以及将疵点初步分类。

（1） Z 轴判定

针对获得的 N 个 Z 值，利用 K－均值聚类算法（K－Means Algorithm）将其分为两类，其中 K－均值算法是无监督分类中的一种基本方法，其基本思想是：通过迭代的方法，逐次更新各聚类中心的值，直至得到最好的聚类结果。

设样本集为 $\{X^1, X^2, \cdots X^N\}$，用 $w_1, w_2, \cdots, w_k$ 来表示聚合的 k 个类别，$m_1, m_2, \cdots, m_k$ 分别是各类的中心，则 K－均值算法采用的准则函数如下：

$$J = \sum_{i=1}^{k} \sum_{x^j \in w_i} \| x^j - w_i \|^2 \tag{7-84}$$

K－均值聚类算法需要确定初始聚类中心，而且初始聚类中心的选择对聚类结果的影响很大，初始聚类中心不同将会导致聚类结果的不同。常见的初始聚类中心的选择方法有如下几种：第一种，凭经验选择；第二种，直接选用前 k 个样本作为初始聚类中心；第三种，将整体的样本进行随机分类，以每类的样本均值作为初始聚类中心。

以此方法试验在三维织物数据 Z 轴的分类中，其步骤如下：

1）选择 $k=2$，将疵点的 Z 坐标分为两类，任意选择两个 Z 值作为初始值。

2）计算所有样本与各聚类中心的距离，公式如下：

$$d=(x,m_k(i))=\|x-m_k(i)\| \tag{7-85}$$

按最小距离原则将样本 X 进行聚类，即

$$d=(x,m_j(k))=\min(X,m_i(k)),\quad i=1,2 \tag{7-86}$$

3）重新计算聚类中心，公式如下：

$$m_i(k+1)=\Big(\sum_{x\in w_i}X\Big)/N_i \tag{7-87}$$

4）若存在任意 $i\in\{1,2,\cdots,c\}$，有 $m_k(i+1)\neq m_k(i)$，则 $i=i+1$，则转到第2）步，若对任意的 $k\in\{1,2\}$ 都有 $m_k(i+1)=m_k(i)$，则聚类结束。

假设聚类结束，分为两类如图7-50所示，其中 w_1 和 w_2 表示得到的类别，对应的样本分别为 X_1 和 X_2，m_1 和 m_2 分别为最终聚类结束时得到的两类的中心，令 $\Delta m=|m_1-m_2|$，则有如下判别：

- 若有 $\Delta m>3h$，则样本 X_2 即为飞絮或者褶皱，并非疵点。
- 若有 $h<\Delta m<3h$，则 X_2 是刮线和挑丝。
- 若有 $0<\Delta m<h$，则 X_2 有可能是破洞，或者经纬疵点，这类疵点应转为 X 轴和 Y 轴判别。

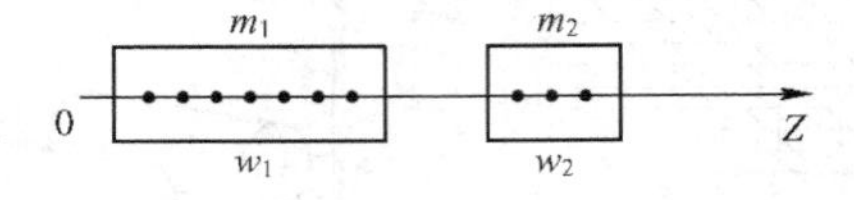

图7-50　Z 坐标轴聚类

（2）X 轴判别

首先对采集到的织物三维数据，取定一个固定的 Y 值，得到关于 XZ 面的点集，此点集的 X 轴坐标和对应的 Z 轴坐标作为样本序列 Y_i。

如果 Y_i 样本的个数小于某个阈值 Th，则此处可判定为缺经；如果 Y_i 样本个数满足阈值要求，但是以端点作为种子点，以 δ 作为其 X 轴方向扫描间隔，扫描区域内含有的样本，则以扫描到的样本作为新种子，继续扫描查找，如尚未将 X 轴方向扫描完就结束了，也即中间有不符合扫描间隔条件的，则此区域断经，继续下一个 Y_{i+1} 样本重复以上步骤；如果在 Y_k 到 $Y_{k+\varepsilon_x}$ 均出现断经现象，若 $\varepsilon_x\geqslant 5$，判定此处为破洞，若 $0<\varepsilon_x<5$，判定此处为断经。

Y 轴判定方法步骤与 X 轴判定方法步骤一样，能判定出的疵点有缺纬、断纬、破洞三类疵点。三坐标轴分类法的流程图如图7-51所示。

在三坐标轴分类法的基础上，选出有代表性的疵点织物7类各50个样本，以及正常织物样本50个，共400个样本进行实验，得出实验结果见表7-13。

由实验结果可作出如下分析：

1）400个样本中共有23个误分类，误检率为5.75%。从表7-13可以知道，本节的三坐标分类法对破洞和正常织物的识别正确率最高，达到100%；其次对刮线挑丝的识别正确率也较高，达到98%；但是对于断经和缺经、断纬和缺纬，由于受三维结构相似限制，识别率较其他几类容易出现误检。

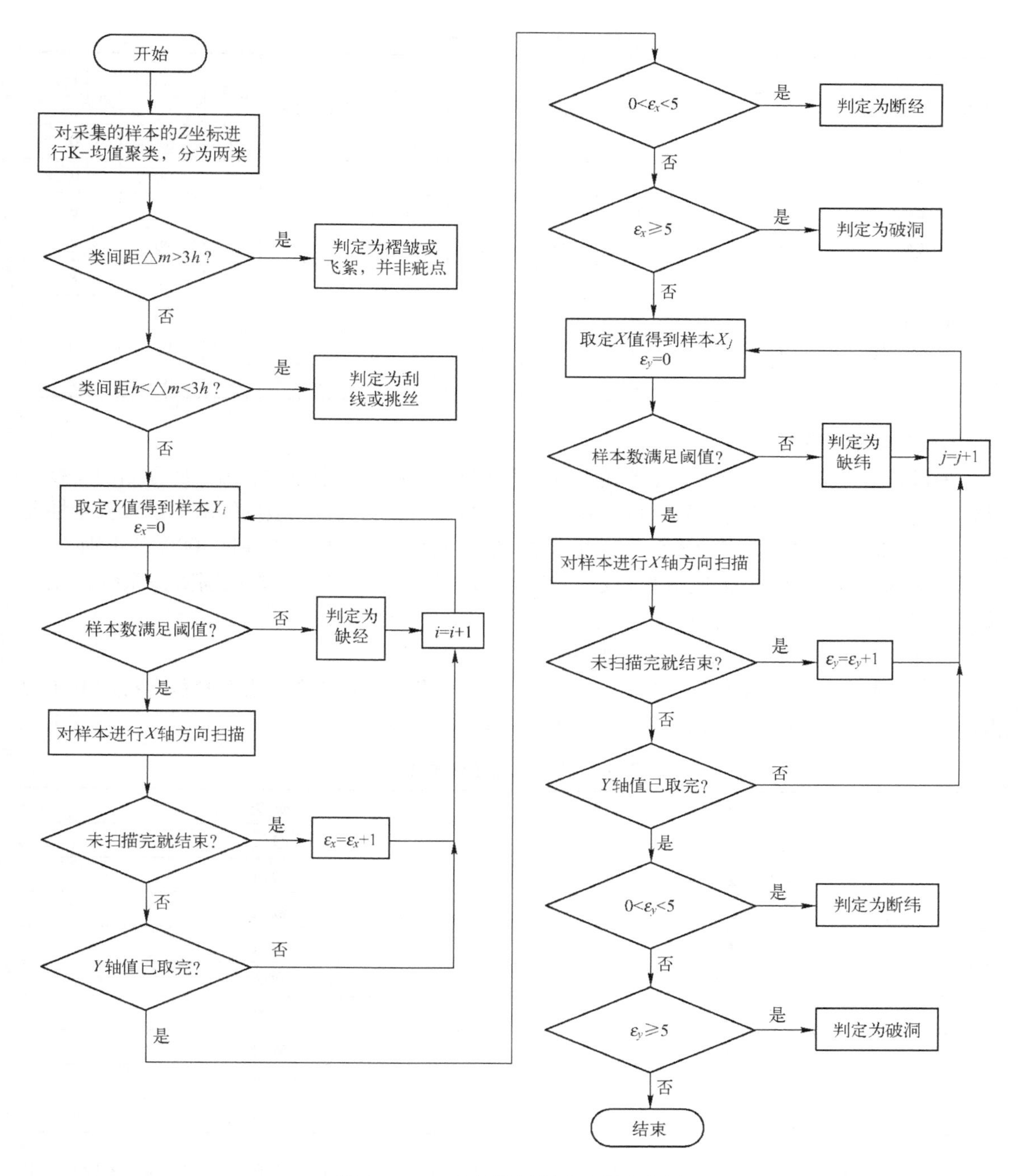

图 7-51　三坐标轴识别法流程流程图

2）对飞絮和褶皱这两种非疵点的识别准确率达到了 96%，能够有效地排除非疵点干扰，优越于二维检测方法。

3）三坐标轴分类法的检测速度达到每幅解算 5 s，投射的光栅幅面宽 800 mm，在线实时速度为 10 m/min，基本符合织造走布速度。三坐标轴分类法达到了对织物疵点在线检测的精度和速度的要求，证明了其可行性。

表 7-13　疵点识别结果

识别结果 疵点类型	有疵干扰						非疵点干扰	正常	识别准确率/%	识别错误率/%
	破洞	断经	断纬	缺经	缺纬	刮线	飞絮/褶皱			
破洞	50	0	0	0		0	0	0	100	0
断经	0	45	0	2	0	0	0	3	90	10
断纬	0	0	44	0	4	0	0	2	88	6
缺经	0	4	0	45	0	0	0	1	90	4
缺纬	0	0	2	0	46	0	0	2	92	8
刮线/挑丝	0	0	0	0	0	49	1	0	98	2
飞絮/褶皱	0	0	0	0	0	2	48	0	96	4
正常	0	0	0	0	0	0	0	50	100	0

5. 三维人脸识别

进行三维人脸识别的第一步是要建立待识别人群的三维人脸数据库。由于所存储的三维信息数据量大，所以对于实时性要求特别高的场合，需要对数据进行相应的缩减。但在安全性要求很高、实时性要求不太高的场合，可以存储所有的人脸三维信息，以保证100%的识别。

以家庭防盗门为例，家庭成员个数一般小于10人，建立三维人脸识别防盗系统，比指纹识别和二维人脸识别具有更高的可靠性。

如图7-52所示为家庭成员的三维脸图。

每个人脸的三维数据量都比较大，为了提高检索速度，可设置一些人脸基本特征量作为粗检索信息。粗检索数据库信息见表7-14。

表 7-14　人脸粗检索数据库信息

字段名称	字段类型
脸的长度	数值
脸的宽度	数值
鼻子长度	数值
鼻子宽度	数值
眼睛横向宽度	数值
眼睛距离	数值
眼睛竖向距离	数值
嘴长度	数值
嘴的宽度	数值

人脸数据库中的粗检索信息是基本信息，信息量少，不能代表人的唯一特征，但是如果粗特征与人脸数据库不符的记录，则很容易通过这些简单的数据判断结果。在人脸识别过程中，粗检索信息对于排除非数据库人员具有较快的速度。也就是说，粗特征与数据库中内容不符的人，肯定不属于本数据库的人员。

人脸数据库中除了存储人的粗检索信息外，还要存储人的精检索信息，即已经得到的人脸全部三维检测点。精检索信息量大，对系统资源占用比较多，但是对于安全性要求高的场合，精检索信息具有比人眼更精确的判断正确率。

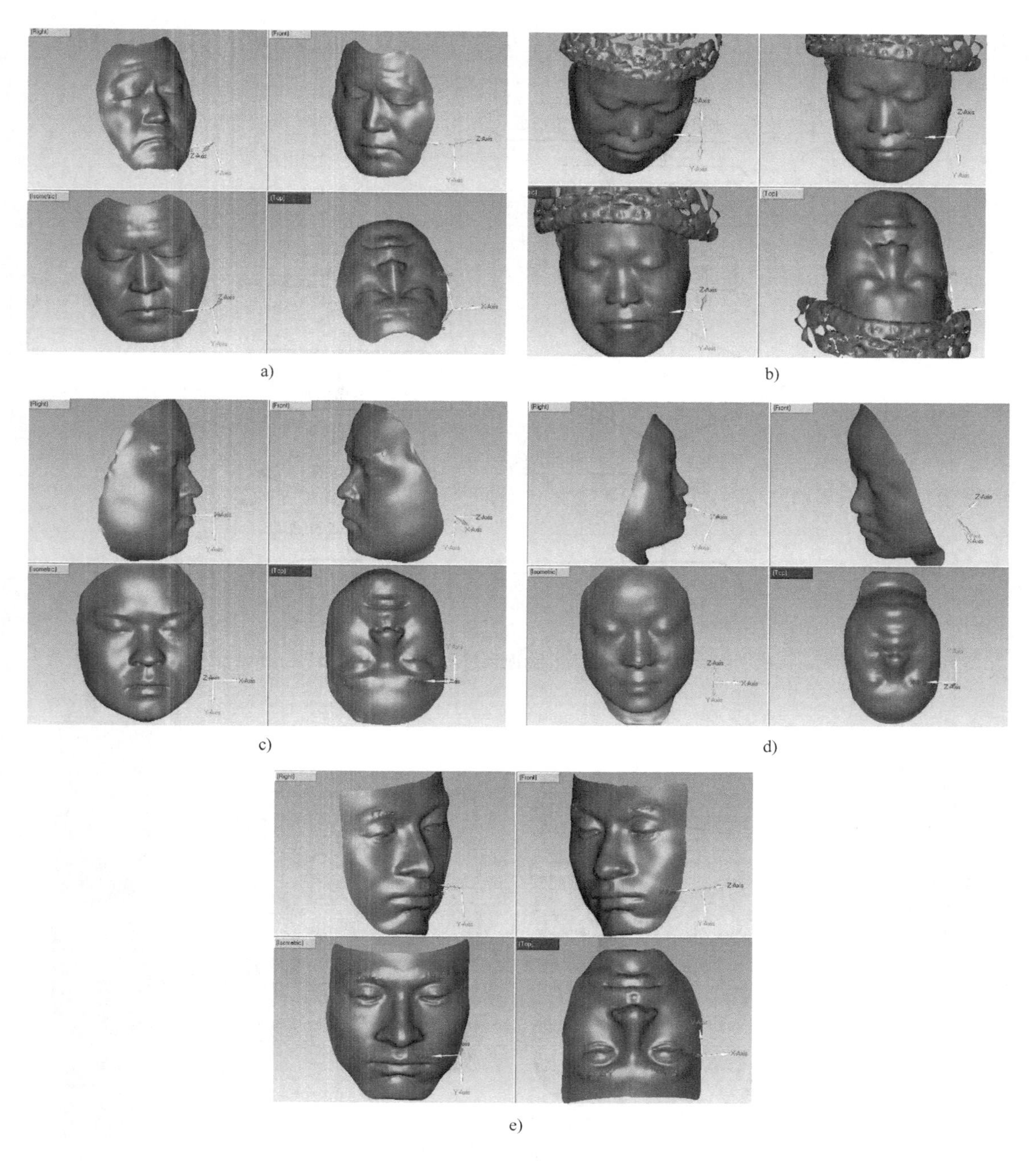

图 7-52　家庭成员的三维脸图

三维人脸识别系统一般经过从粗匹配到精匹配两步识别过程。识别流程图如图 7-53 所示。

以家庭防盗门数据库为例，图 7-54 显示了非家庭成员进入识别系统后的处理情况。由于图 7-54 中待识别人脸的所有粗信息与家庭各成员的粗信息均不匹配，所以无须进行精匹配，就可判断此人不是此家庭成员，无法提供开门服务。而图 7-55 所示的识别过程中，待识别人脸与家庭中某一成员的粗信息匹配，即说明该人与家庭成员中的一人具有相同的粗检索信息。但是经过精匹配后，发现此人的细节信息与家庭成员信息相差较大，因此判断此人不属于此家庭。

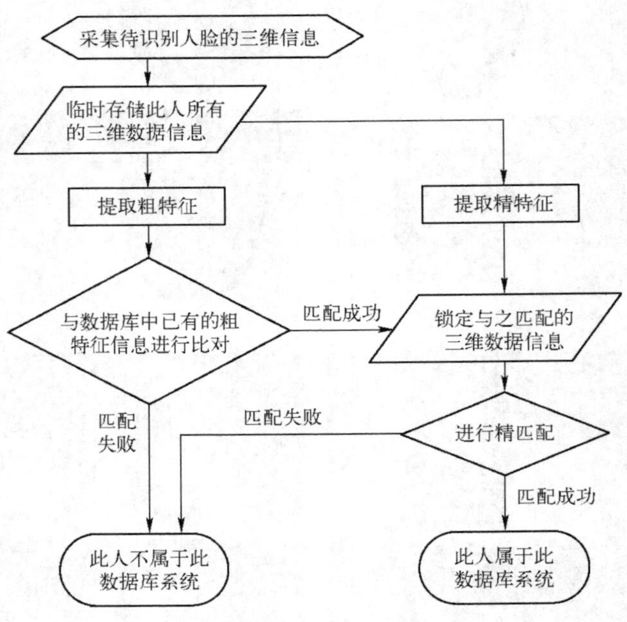

图 7-53　人脸识别过程流程图

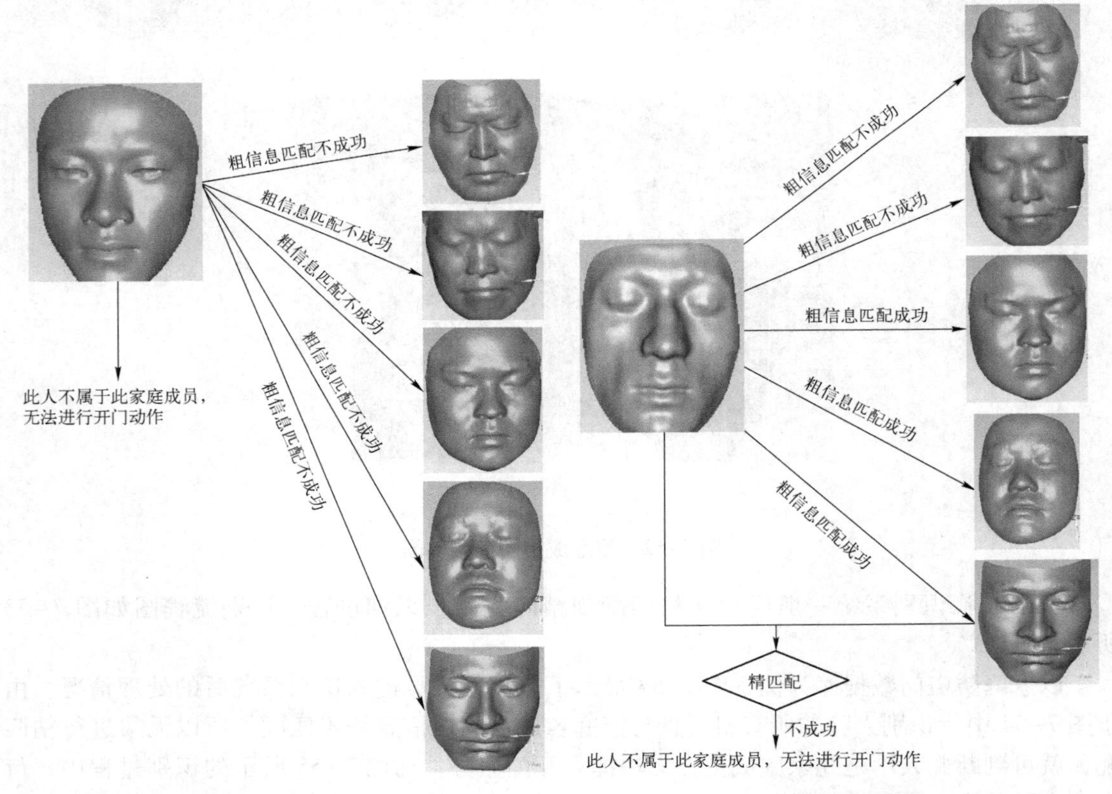

图 7-54　非家庭成员粗匹配不成功过程　　图 7-55　非家庭成员精匹配未成功过程

7.6 本章小结

本章给出了电池表面划痕识别、二维人脸识别、基于 SIFT 算法的特征点识别、气泡识别、三维织物疵点的检测和三维人脸识别等案例。详细阐述了算法的识别原理、步骤，部分案例给出了算法实现的源代码。

习题

1. 物体表面缺陷的检测方法有哪些?
2. 图像配准方法有哪些?
3. 人脸识别的关键技术有哪些?
4. 什么是 K - 近邻算法?
5. SIFT 算法在描述图像的局部特征时，有什么优点?
6. 气泡识别的关键技术有哪些?
7. 灰度共生矩阵的定义是什么? 灰度 - 梯度共生矩阵的纹理特征有哪些?
8. 支持向量机（SVM）的定义是什么? 其关键技术有哪些?
9. 三维识别方法有哪些?
10. 织物疵点的检测方法有哪些? 织物疵点检测的关键技术是什么?

附　录

附录 A　模型一的训练样本归一化处理的子程序

程序代码如下：

```
clc;
clear;
%p 为模型一的训练样本初始值;
p = [
46.17      11.37      33.12      8.52       0.62
41.88      33.51      14.55      8.76       0.54
33.46      29.32      32.99      27.78      2.55
46.81      35.98      8.45       7.49       0.31
15.22      21.98      17.85      46.92      0
0.89       43.88      27.04      27.98      0
35.13      50.96      8.51       5.65       0
37.98      30.95      7.87       23.01      0
11.19      21.79      11.3       52.98      2.39
0.95       16.01      12.89      68.41      0.96
15.03      22.19      3.26       57.96      1.03
20.08      31.07      3.98       43.22      1.53
58.01      18.66      4.68       8.62       9.78
86.99      6.48       5.28       1.03       0
85.86      6.98       4.51       2.56       0
83.68      7.96       4.45       2.72       0.56
20.23      16.96      1.69       24.74      34.52
26.86      16.76      2.98       38.96      13.61
43.92      24.41      6.62       23.91      0.54
48.12      10.88      4.23       22.46      23.68
39.1837    24.4898    18.3673    11.4286 6.5306
46.8085    36.8794    8.5106     7.5177     0.2837
33.6634    2.9703     33.1683    27.7228    2.4752
42.0168    33.6134    14.8459    8.9636     0.5602
46.1321    11.5723    33.1447    8.522      0.6289
7.8105     30.4018    17.3722    43.3893    1.0262
32.7586    44.2529    10.9195    12.069     0
40.2597    25.1082    18.6147    16.0173    0
```

```
33. 5617    33. 5617    9. 2295     23. 4932    0. 1538
0. 9811     43. 8318    26. 7987    28. 3884    0
38. 1862    31. 0263    7. 8759     22. 9117    0
24. 0035    27. 8       24. 4228    30          0
16. 746     16. 5319    6. 8744     57. 3739    2. 4738
16. 137     24. 0087    10. 1348    48. 9029    0. 8167
4. 6875     10. 8259    17. 5223    66. 9643    0
3. 7648     26. 8179    7. 2202     61. 8876    0. 3094
18. 6139    17. 9724    6. 6865     55. 3628    1. 3644
33. 1101    39. 033     4. 5597     26. 1399    0. 1572
15. 8933    21. 8097    3. 1903     58. 1206    0. 9861
15. 9445    30. 0131    4. 9709     48. 7713    0. 3001
1. 3802     6. 1511     9. 2081     76. 6277    6. 6329
34. 6084    18. 2149    14. 3898    17. 3042    15. 4827
84. 3327    8. 0593     7. 2211     0. 3868     0
61. 3944    10. 8221    4. 1623     10. 4058    13. 2154
57. 9832    18. 8655    4. 6218     8. 6555     9. 8739
44. 9775    11. 0945    12. 7436    2. 6987     28. 4858
87. 2663    6. 5004     5. 1647     1. 0686     0
89. 9942    5. 3479     1. 9551     2. 7027     0
30. 4094    8. 1412     0. 7212     16. 0032    44. 725
17. 0118    13. 7574    3. 0695     39. 571     26. 5902
62. 3063    11. 1903    1. 8599     10. 0123    14. 6311
44. 964     8. 0935     1. 0941     18. 8849    26. 9784
32. 5967    15. 4696    4. 9724     38. 674     8. 2873
49. 7696    8. 4485     2. 1505     19. 3548    20. 2765
44. 7927    17. 4924    3. 64       23. 5592    10. 5157
23. 0233    12. 0046    10. 0593    12 61. 8213
]';
c = max(p);
d = min(p);
for i = 1:56
    p(:,i) = (p(:,i) - d(1,i))./(c(1,i) - d(1,i));% 归一化公式;
    end;
p% 归一化处理后的样本集;
```

附录 B　模型一在确定隐含层节点及网络结构后训练与仿真的子程序

程序代码如下：

```
clc;
clear;
t = [
```

1 0 0 0 0
1 0 0 0 0
1 0 0 0 0
1 0 0 0 0
0 1 0 0 0
0 1 0 0 0
0 1 0 0 0
0 1 0 0 0
0 0 1 0 0
0 0 1 0 0
0 0 1 0 0
0 0 1 0 0
0 0 0 1 0
0 0 0 1 0
0 0 0 1 0
0 0 0 1 0
0 0 0 0 1
0 0 0 0 1
0 0 0 0 1
0 0 0 0 1
1 0 0 0 0
1 0 0 0 0
1 0 0 0 0
1 0 0 0 0
1 0 0 0 0
0 1 0 0 0
0 1 0 0 0
0 1 0 0 0
0 1 0 0 0
0 1 0 0 0
0 1 0 0 0
0 1 0 0 0
0 0 1 0 0
0 0 1 0 0
0 0 1 0 0
0 0 1 0 0
0 0 1 0 0
0 0 1 0 0
0 0 1 0 0
0 0 1 0 0
0 0 1 0 0
0 0 0 1 0
0 0 0 1 0

```
0   0   0   1   0
0   0   0   1   0
0   0   0   1   0
0   0   0   1   0
0   0   0   1   0
0   0   0   0   1
0   0   0   0   1
0   0   0   0   1
0   0   0   0   1
0   0   0   0   1
0   0   0   0   1
0   0   0   0   1
0   0   0   0   1
]';% 模型一的理想输出集;
p = [
    1.0000    0.2360    0.7135    0.1734         0
    1.0000    0.7975    0.3389    0.1988         0
    1.0000    0.8661    0.9848    0.8162         0
    1.0000    0.7671    0.1751    0.1544         0
    0.3244    0.4685    0.3804    1.0000         0
    0.0203    1.0000    0.6162    0.6376         0
    0.6894    1.0000    0.1670    0.1109         0
    1.0000    0.8149    0.2072    0.6058         0
    0.1739    0.3835    0.1761    1.0000         0
         0    0.2232    0.1770    1.0000    0.0001
    0.2459    0.3717    0.0392    1.0000         0
    0.4450    0.7086    0.0588    1.0000         0
    1.0000    0.2621         0    0.0739    0.0956
    1.0000    0.0745    0.0607    0.0118         0
    1.0000    0.0813    0.0525    0.0298         0
    1.0000    0.0890    0.0468    0.0260         0
    0.5647    0.4651         0    0.7021    1.0000
    0.6637    0.3830         0    1.0000    0.2954
    1.0000    0.5503    0.1402    0.5387         0
    1.0000    0.1515         0    0.4154    0.4432
    1.0000    0.5500    0.3625    0.1500         0
    1.0000    0.7866    0.1768    0.1555         0
    1.0000    0.0159    0.9841    0.8095         0
    1.0000    0.7973    0.3446    0.2027         0
    1.0000    0.2405    0.7146    0.1735         0
    0.1601    0.6934    0.3859    1.0000         0
    0.7403    1.0000    0.2468    0.2727         0
    1.0000    0.6237    0.4624    0.3978         0
```

```
    1.0000    1.0000    0.2717    0.6986         0
    0.0224    1.0000    0.6114    0.6477         0
    1.0000    0.8125    0.2062    0.6000         0
    0.8001    0.9267    0.8141    1.0000         0
    0.2600    0.2561    0.0802    1.0000         0
    0.3186    0.4823    0.1938    1.0000         0
    0.0700    0.1617    0.2617    1.0000         0
    0.0561    0.4305    0.1122    1.0000         0
    0.3194    0.3076    0.0986    1.0000         0
    0.8476    1.0000    0.1132    0.6684         0
    0.2609    0.3645    0.0386    1.0000         0
    0.3228    0.6130    0.0964    1.0000         0
         0    0.0634    0.1040    1.0000    0.0698
    1.0000    0.1892         0    0.1441    0.0541
    1.0000    0.0956    0.0856    0.0046         0
    1.0000    0.1164         0    0.1091    0.1582
    1.0000    0.2669         0    0.0756    0.0984
    1.0000    0.1986    0.2376         0    0.6099
    1.0000    0.0745    0.0592    0.0122         0
    1.0000    0.0594    0.0217    0.0300         0
    0.6747    0.1686         0    0.3473    1.0000
    0.3820    0.2928         0    1.0000    0.6444
    1.0000    0.1544         0    0.1349    0.2113
    1.0000    0.1595         0    0.4055    0.5900
    0.8197    0.3115         0    1.0000    0.0984
    1.0000    0.1323         0    0.3613    0.3806
    1.0000    0.3366         0    0.4840    0.1671
    0.2505    0.0376         0    0.0375    1.0000
]';%模型一中经归一化处理的输入样本集;
x = [
    1.0000    0.6522    0.1522         0    0.0870
    1.0000    1.0000    0.2717    0.6903         0
    0.3213    0.3078    0.1007    1.0000         0
    0.0702    0.1622    0.2609    1.0000         0
    1.0000    0.0595    0.0218    0.0294         0
    1.0000    0.1730         0    0.5405    0.6162
    0.2964    0.3786    0.0607    1.0000         0
    0.7632    1.0000    0.2368    0.2895         0
    1.0000    0.1371         0    0.3746    0.3946
    0.0554    0.4289    0.1115    1.0000         0
    1.0000    0.2404    0.7145    0.1734         0
    1.0000    0.8125    0.2063    0.5999         0
```

附录 C　SIFT 特征初始匹配及 RANSAC 算法剔除误匹配相关 MATLAB 代码

```
function num = immatch(image1,image2)

% Find SIFT keypoints for each image
[im1,des1,loc1] = sift(image1);
[im2,des2,loc2] = sift(image2);

% For efficiency in Matlab,it is cheaper to compute dot products between
%   unit vectors rather than Euclidean distances.  Note that the ratio of
%   angles (acos of dot products of unit vectors) is a close approximation
%   to the ratio of Euclidean distances for small angles.
%
% distRatio: Only keep matches in which the ratio of vector angles from the
%   nearest to second nearest neighbor is less than distRatio.
distRatio = 0.6;
count = 0;
% For each descriptor in the first image,select its match to second image.
des2t = des2';                  % Precompute matrix transpose
for i = 1 : size(des1,1)
    dotprods = des1(i,:) * des2t;           % Computes vector of dot products
    [vals,indx] = sort(acos(dotprods));   % Take inverse cosine and sort results

    % Check if nearest neighbor has angle less than distRatio times 2nd.
    if (vals(1) < distRatio * vals(2))
        match(i) = indx(1);
        count = count + 1;
    else
        match(i) = 0;
    end
end

% Create a new image showing the two images side by side.
im3 = appendimages(im1,im2);

% Show a figure with lines joining the accepted matches.
figure('Position',[100 100 size(im3,2) size(im3,1)]);
colormap('gray');
imagesc(im3);
hold on;
```

```
cols1 = size(im1,2);
m1 = zeros(count,2);
m2 = zeros(count,2);
j = 1;
for i = 1: size(des1,1)
    if (match(i) >0)
        m1(j,1) = loc1(i,1);
        m1(j,2) = loc1(i,2);
        m2(j,1) = loc2(match(i),1);
        m2(j,2) = loc2(match(i),2) + cols1;
        j = j + 1;
      line([loc1(i,2) loc2(match(i),2) + cols1],...
            [loc1(i,1) loc2(match(i),1)],'Color','c');
    end
end
hold off;
num = sum(match >0);
fprintf('Found %d matches. \n',num);
[corners1 corners2] = Ransac(m1,m2,5,10);
k = size(corners1,1);
figure('Position',[100 100 size(im3,2) size(im3,1)]);
colormap('gray');
imagesc(im3);
hold on;
for i = 1: k
    line([corners1(i,2) corners2(i,2)],...
        [corners1(i,1) corners2(i,1)],'Color','b');
end
end
```

参考文献

[1] Sergios Theodoridis. 模式识别［M］. 李晶皎，王爱侠，王骄，等译. 北京：电子工业出版社，2010.

[2] 周丽芳，李伟生，黄颖. 模式识别原理及工程应用［M］. 北京：机械工业出版社，2013.

[3] 边肇祺，张学工，等. 模式识别［M］. 北京：清华大学出版社，2000.

[4] 孙即祥. 现代模式识别［M］. 北京：高等教育出版社，2008.

[5] 冯伟兴，等. Visual C + + 数字图像模式识别典型案例详解［M］. 北京：机械工业出版社，2012.

[6] 余正涛，等. 模式识别原理及应用［M］. 北京：科学出版社，2014.

[7] 汪增福. 模式识别［M］. 北京：中国科学技术大学出版社，2010.

[8] 沈庭芝，王卫江，闫雪梅. 数字图像处理及模式识别［M］. 2 版. 北京：北京理工大学出版社，2007.

[9] J P Marques de Sá. 模式识别——原理、方法及应用［M］. 吴逸飞，译. 北京：清华大学出版社，2002.

[10] 许国根，贾瑛. 模式识别与智能计算的 MATLAB 实现［M］. 北京：北京航空航天大学出版社，2012.

[11] Wang Patrick S P. Pattern Recognition，Machine Intelligence and Biometrics［M］. 北京：高等教育出版社，2011.

[12] 李君宝，乔家庆，尹洪涛，等. 模式识别中的核自适应学习及应用［M］. 北京：电子工业出版社，2013.

[13] 洪文学，王金甲，等. 可视化模式识别［M］. 北京：国防工业出版社，2014.

[14] 齐敏，李大健，郝重阳. 模式识别导论［M］. 北京：清华大学出版社，2009.

[15] 张学工. 模式识别［M］. 3 版 北京：清华大学出版社，2010.

[16] 陈兵旗，等. 实用数字图像处理与分析［M］. 北京：中国农业大学出版社，2014.

[17] 陆玲，李金萍，等. Visual C + + 数字图像处理［M］. 北京：中国电力出版社，2014.

[18] 谭建豪，等. 数字图像处理与移动机器人路径规划［M］. 武汉：华中科技大学出版社，2013.

[19] 李文书，赵悦，等. 数字图像处理算法及应用［M］. 北京：北京大学出版社，2012.

[20] Mark S Nixon，Alberto S Aguado. 特征提取与图像处理［M］. 李实英，杨高波，译. 北京：电子工业出版社，2010.

[21] 蒋先刚，等. 数字图像模式识别工程项目研究［M］. 成都：西南交通大学出版社，2014.

[22] 代小红，等. 基于机器视觉的数字图像处理与识别研究［M］. 成都：西南交通大学出版社，2012.

[23] 李京华，杜文才. 二维和三维医学图像稳健数字水印技术［M］. 北京：知识产权出版社，2011.

[24] 杨淑莹，等. 图像识别与项目实践 VC + + 、MATLAB 技术实现［M］. 北京：电子工业出版社，2014.

[25] 史东承，等. 人脸图像信息处理与识别技术［M］. 北京：电子工业出版社，2010.

[26] 张铮，王艳平，薛桂香，等. 数字图像处理与机器视觉 Visual C + + 与 Matlab 实现［M］. 北京：人民邮电出版社，2010.

[27] 张铮，倪红霞，苑春苗，杨立红. 精通 Matlab 数字图像处理与识别［M］. 北京：人民邮电出版社，2013.

[28] 李晶皎，赵丽红，王爱侠. 模式识别［M］. 北京：电子工业出版社，2010.

[29] 赵小川，等. MATLAB 图像处理能力提高与应用案例 [M]. 北京：北京航空航天大学出版社，2014.
[30] 陈超，等. MATLAB 应用实例精讲 图像处理与 GUI 设计篇 [M]. 北京：电子工业出版社，2011.
[31] 范九伦，等. 模式识别导论 [M]. 西安：西安电子科技大学出版社，2012.
[32] 张水波，等. Visual C + +2008 完全学习手册 [M]. 北京：清华大学出版社，2011.
[33] Milan Sonka，Vaclav Hlavac，Roger Boyle. 图像处理、分析与机器视觉 [M]. 艾海舟，苏延超，等译. 北京：清华大学出版社，2011.
[34] 董长虹. Matlab 神经网络与应用 [M]. 2 版. 北京：国防工业出版社，2007.
[35] 朱双东. 神经网络应用基础 [M]. 沈阳：东北大学出版社，2000.
[36] 朱大奇，史慧. 人工神经网络原理及与应用 [M]. 北京：科学出版社，2006.
[37] 刘金琨. 机器人控制系统与 MATLAB 仿真 [M]. 北京：清华大学出版社，2008.
[38] 米切尔（Mitchell T M）. Machine Learning [M]. 北京：机械工业出版社，2004.
[39] 海金（Haykin S）. 神经网络原理 [M]. 叶世伟，史忠植，译. 北京：机械工业出版社，2004.
[40] 张德丰. MATLAB 神经网络应用设计 [M]. 北京：机械工业出版社，2008.
[41] 张良均，曹晶，蒋世忠. 神经网络实用教程 [M]. 北京：机械工业出版社，2008.
[42] 史忠植. 神经网络 [M]. 北京：高等教育出版社，2009.
[43] FREDRIC M HAM，IVICA K. 神经计算原理 [M]. 叶世伟，王海娟，译. 北京：机械工业出版社，2007.
[44] 雷英杰，张善文，李续武，等. MATLAB 遗传算法工具箱及应用 [M]. 西安：西安电子科技大学出版社，2005.
[45] 韩立群. 人工神经网络理论、设计及应用 [M]. 北京：化学工业出版社，2002.
[46] 余立雪. 神经网络与实例学习 [M]. 北京：中国铁道出版社，1996.
[47] 周志华，草存根. 神经网络及其应用 [M]. 北京：清华大学出版社，2004.
[48] 王越明，王朋，杨莹，等. 变压器故障诊断与维修 [M]. 北京：化学工业出版社，2008.
[49] 操敦奎，许维宗，阮国方. 变压器运行维护与故障分析处理 [M]. 北京：中国电力出版社，2008.
[50] 艾新法，郝曙光. 变电设备异常运行及故障分析图册 [M]. 北京：中国电力出版社，2011.
[51] 咸日常. 电力变压器运行与维修 [M]. 北京：中国电力出版社，2014.
[52] 姚志松，姚磊. 新型节能变压器选用、运行与维修 [M]. 北京：中国电力出版社，2010.
[53] 冯超. 电力变压器检修与维护 [M]. 北京：中国电力出版社，2013.
[54] B Mandelbrot. The Fractal Geometry of Nature [M]. W. H. Freeman，1982.
[55] Carsten Steger，Markus URICH，Christian Wiedemamn. Machine Vision Algorithms and Applications [M]. 北京：清华大学出版社，2009.
[56] 章毓晋. 图像分割 [M]. 北京：科学出版社，2001.
[57] 郑南宁，等. 计算机视觉与模式识别 [M]. 北京：国防工业出版社，1998.
[58] 龚伟，等. 数字空间中的数学形态学理论及应用 [M]. 北京：科学出版社，1997.
[59] 崔屹. 图像处理与分析——数学形态学方法与应用 [M]. 北京：科学出版社，2000.
[60] 罗宇华. 计算机视觉 [M]. 北京：人民邮电出版社，1990.
[61] 孙亮，禹晶. 模式识别原理 [M]. 北京：北京工业出版社，2009.
[62] 杨光正，吴岷，张晓莉. 模式识别 [M]. 合肥：中国科学技术大学出版社，2007.
[63] 赵宇明，熊惠霖，周越，胡福乔，姚莉秀. 模式识别 [M]. 上海：上海交通大学出版社，2013.
[64] 王飞龙. 模式识别基础 [M]. 武汉：湖北科学技术出版社，1986.

[65] 王瑶．从三维点云数据中提取物体特征点的研究 [D]．兰州：兰州大学，2010.
[66] 阮秋琦．数字图像处理学 [M]．北京：电子工业出版社，2013.
[67] 王育坚，鲍泓，袁家政．图像处理与三维可视化 [M]．北京：北京邮电大学出版社，2011.
[68] 冯伟业，梁洪，王臣业．Visual C + + 数字图像模式识别典型案例详解 [M]．北京：机械工业出版社，2012.
[69] 张宏林．精通 Visual C + + 数字图像模式识别技术及工程实践 [M]．北京：人民邮电出版社，2008.
[70] 范立南．图像处理与模式识别 [M]．北京：科学出版社，2007.
[71] 沈庭芝，方子文．数字图像处理及模式识别 [M]．北京：北京理工大学出版社，1998.
[72] 李弼程，邵美珍，黄洁．模式识别原理与应用 [M]．西安：西安电子科技大学出版社，2008.
[73] 冯志全，杨波．三维自然手势跟踪的理论与方法 [M]．北京：清华大学出版社，2013.
[74] 孙即祥，姚伟，滕书华．模式识别 [M]．北京：国防工业出版社，2009.
[75] 杨淑莹．模式识别与智能计算：MATLAB 技术实现 [M]．北京：电子工业出版社，2011.